AF504332

Le
Privilège des Vins

à

BORDEAUX JUSQU'EN 1789

HENRI KEHRIG

Le
Privilège des Vins

à

BORDEAUX

Jusqu'en 1789

SUIVI D'UN APPENDICE

COMPRENANT

Le ban des Vendanges. — Des Courtiers. — Des Taverniers.
Prix payés pour des vins du XIIᵉ au XVIIIᵉ siècle.
Exportation (statistique).
Faits divers se rattachant à la vigne et au vin du XIIᵉ au XVIIIᵉ siècle.
Tableau de l'exploitation de vignes en 1725.

OUVRAGE COURONNÉ
par l'Académie des Sciences, Belles-Lettres et Arts de Bordeaux.

PARIS

G. MASSON, ÉDITEUR,

BOULEVARD SAINT-GERMAIN, 120

BORDEAUX

FERET ET FILS, ÉDITEURS,

COURS DE L'INTENDANCE, 15

1886

AVANT-PROPOS

Le vin, dans le Bordelais, n'a-t-il pas de tout temps été une source de vie pour ce pays? Et le caractère prédominant du produit n'explique-t-il pas la fertile production d'écrits dont il a été l'objet? Tour à tour chanté par les poètes, défini par les savants, béni par les gourmets, le vin, dès les siècles reculés, fixe l'attention générale par la large place qu'il occupe dans les transactions commerciales.

Aussi n'est-ce point pour parler de choses que d'autres ont si bien dites avant nous que ce livre est écrit. C'est seulement une des parties encore inédites d'une histoire intéressante pour le Bordelais que nous essayons de faire revivre dans le travail que nous présentons au lecteur.

Nous aurions pu, au cours de ce travail, nous

étendre plus longuement et donner de plus nombreux détails sur cette histoire; mais nous avons préféré n'avancer que des faits dont le contrôle était possible, écartant scrupuleusement tout ce qui laissait un doute.

La tâche nous a été facile, grâce aux documents que renferment nos riches archives et bibliothèques municipales et départementales, et aussi à l'accueil bienveillant toujours réservé au travailleur par MM. les Bibliothécaires et Archivistes, dont le concours en ces occasions est précieux.

La transformation progressive de l'humble bourgade des Bituriges-Vivisques en la belle et florissante cité qui a nom *Bordeaux* est, sans contredit, due en grande partie aux richesses que le vin y attira en devenant un produit universellement recherché.

O Patria insignem Baccho.

Ainsi s'exprime le poète Ausone, évoquant le souvenir de Bordeaux, sa patrie, dont il va faire l'éloge. Il assure par là qu'elle est recommandable par l'excellente qualité de ses vins. Lorsqu'il exalte le goût exquis des huîtres du Médoc, il dit que leur renommée égale celle des vins.

Non laudata minus nostri quam gloria vini.

Au commencement du XIVe siècle, en 1302, les vins de Gascogne, parmi lesquels ceux du Bordelais occupent une large place, jouent déjà un rôle impor-

tant sur la place de Londres, et des dégustateurs
jurés sont chargés de les examiner à leur arrivée
dans cette ville (¹).

Nous pouvons avancer avec certitude, disent les
membres du Parlement de Bordeaux, dans leurs
« très humbles remontrances » au roi, datées du
17 juillet 1725, que la vente des vins donne le
mouvement à tout le commerce qui se fait dans
cette province (²).

En 1733, l'abbé Bellet dit, dans un mémoire, que
c'est du vin que la province de Guienne tire tous ses
secours. « Cette denrée forme la seule manufacture
» du païs, puisqu'elle occupe toute l'année la plus
» grande partie des païsans (³). »

Vers la fin du siècle dernier, l'abbé Baurein disait
que «le faubourg des Chartrons» était regardé comme
le plus riche, le plus considérable et peut-être le plus
commerçant qu'il y eût en Europe (⁴).

A quelle denrée, si ce n'est au vin, ce « faubourg »,
de tout temps l'entrepôt principal du commerce des
vins, devait-il cette réputation?

(¹) Archives de la Mairie de Londres, reg. C., fol. 70. Transcrit par
M. Jules Delpit; voir *Collection générale des documents français qui
se trouvent en Angleterre*. M. Delpit a également relevé les noms des
dégustateurs jurés des vins de Gascogne, pour l'année 1302; ils sont
au nombre de six : « *Juramentum pro scrutinio faciendo de vinis
Vasconum, etc.:* WUILELMUS DE BENERLEE, ALANUS DE BUFFUS, GAL-
FREDUS SCOTUS, PETRUS DE MONHUTUS, PETRUS FFRANNGONN, VYDAU
MANENTUS. »

(²) Remontrances du Parlement de Bordeaux au Roi sur l'établissement
du cinquantième. (Bibliothèque de la Ville, manusc., fonds Lamontaigne,
C. I, pièce 6.)

(³) Archives départementales, série C, n° 1639.

(⁴) *Variétés Bordelaises*, 1785, t. II, p. 291, réimpression.

Des temps d'arrêt se produisirent cependant durant les périodes prospères marquées par le bien-être des populations. Pendant les guerres que la France eut à soutenir, notamment aux XVIIe et XVIIIe siècles, l'écoulement des vins s'arrêta, au point qu'il fut plusieurs fois question d'arracher une partie des vignes de la province de Guienne, pour cause de surabondance de vins dans la contrée, et aussi parce que la production du blé était inférieure à sa consommation. Un arrêt du Conseil d'État, qui parut en 1725, se bornait cependant à défendre de faire de nouvelles plantations de vignes en Guienne ([1]). Quelques années plus tard, le projet d'arracher des vignes dans cette province revenait en question et n'était repoussé que grâce à l'intervention de personnes influentes, qui purent faire comprendre l'erreur économique qu'on allait commettre en diminuant ainsi l'étendue des vignobles ([2]).

Les guerres du premier Empire furent également une cause de mévente des vins. C'est ainsi que de bons crûs du Médoc passèrent à la chaudière pour être convertis en eau-de-vie.

Grâce au retour de la paix et à des traités de commerce favorisant l'exportation, les récoltes n'en-

([1]) Dans une lettre écrite le 18 avril 1727 par l'intendant Boucher au Contrôleur général, il est question d'une demande faite par « le sieur de Montesquieu », pour obtenir la permission de planter en vignes trente journaux de landes qu'il avait achetés. (Archives départementales, C. 522.)

([2]) *Mémoire sommaire sur le projet de faire arracher les vignes dans la province de Guyenne,* par M. Sarrau de Boynet. (Bibliothèque de la ville, manuscrits de l'Académie, t. XVI, pièce 5.)

combraient plus les chais. Les viticulteurs, encouragés, multiplièrent leurs plantations.

Mais de cruels fléaux devaient faire obstacle à ce torrent de prospérité. Après l'oïdium, menaçant, dès l'année 1852 (¹), de détruire à jamais la plus riche production locale — mais heureusement maîtrisé par un remède promptement trouvé, — se montrait le phylloxera. L'insecte microscopique, dont les ravages avaient déjà décimé les vignobles méridionaux de la France, faisait son apparition dans la Gironde en 1868 (²). Récemment, des maladies cryptogamiques — le mildew (³) entre autres — non moins menaçantes que les premières pour l'avenir de la viticulture, venaient lui faire cortège. D'attrayante et lucrative qu'elle était, la tâche du viticulteur est devenue un combat dans lequel les ennuis et les fatigues ne le disputent qu'aux sacrifices d'argent.

A ces maux est venue se joindre une difficulté d'un autre genre.

De dévastateur le phylloxera devient propagateur de la vigne. En d'autres termes, les quantités de vin

---

(¹) L'oïdium avait déjà fait son apparition dans la Gironde en 1851.

(²) Plusieurs dates ont été assignées à la découverte de l'insecte dans le département de la Gironde. Sa présence a été constatée publiquement en 1868; mais déjà depuis 1866 des viticulteurs girondins soupçonnaient son existence chez eux, indiquée par des signes extérieurs très caractéristiques. La suite apprit qu'ils ne s'étaient pas trompés dans leurs prévisions.

(³) *Peronospora viticola*. — *Mildew,* mot anglais qui signifie *moisissure.* Sa présence dans la Gironde a été découverte en 1878.

Il résulte de traitements employés en 1885 dans le département de la Gironde, qu'on peut presque considérer aujourd'hui comme trouvé le remède efficace à cette maladie.

qu'il a fait disparaître de la production, ces quantités, la consommation en réclame le remplacement, car le vin est aujourd'hui une boisson indispensable. Et sur toute la surface du globe nous voyons se produire un mouvement de plantation de vignes dont les proportions grandissent à vue d'œil : l'Espagne, l'Italie, la Hongrie et tous les autres pays d'Europe où le cep est cultivé augmentent leur production vinicole ; l'Algérie se lance hardiment dans la même voie ; les pays d'outre-mer participent à ce mouvement : l'Uruguay, le Chili, la Californie, l'Australie aspirent même à fournir bientôt du vin au vieux continent. Cet état de choses crée une difficulté nouvelle pour le viticulteur, car il signifie concurrence.

Est-ce à dire que les vins de la Gironde vont être égalés ? Loin de là ! Ils sont inimitables, grâce au sol qui les produit, à un choix de cépages qui lui est parfaitement approprié, et dont l'étude d'adaptation commençait il y a des siècles ([1]). Ils sont inimitables aussi parce que la méthode de leur traitement en usage dans le Bordelais ne s'apprend pas en un jour. C'est bien ici le cas de reproduire les paroles du docteur Jules Guyot, ce maître en viticulture et en vinification, chargé, il y a quelque vingt ans, par le Gouvernement, de faire l'étude des vignobles de France : « La viticulture, la vinification et le com-

---

([1]) Une lettre de M. Dupré de Saint-Maur, intendant de Guienne, datée du 30 décembre 1783, parle d'un champ de synonymie de la vigne établi entre la porte d'Aquitaine et celle des Capucins, et pour lequel des cépages de toutes espèces avaient été recueillis. (Bibliothèque de la Ville, voir *Catalogue des Manuscrits*, D. 1, 561.)

merce des vins de la Gironde, disait-il, sont portés à la plus haute perfection pratique (¹). » Cette appréciation est d'autant plus élogieuse pour le Bordelais que le docteur Jules Guyot était Champenois.

Mais ce défi que semblent jeter à toute parité les vins fins de la Gironde ne suffit point pour annihiler la concurrence; d'abord, parce que la Gironde ne produit pas seulement des vins fins, et que les autres pays, notamment l'Espagne et l'Italie, luttent contre ses vins ordinaires et communs en créant directement des débouchés dans la consommation des principales villes de l'Europe, aidés par leur gouvernement et leurs associations agricoles; ensuite, parce que des gouvernements étrangers, dans le but de favoriser le développement de leur production vinicole nationale, ou pour d'autres motifs, ont frappé à l'entrée les vins français de droits presque prohibitifs.

Parlerons-nous enfin de cette concurrence déloyale qui ne craint pas de se servir des marques les plus en renom pour glisser dans la consommation d'infects breuvages?

Cette concurrence, malheureusement, se pratique partout, plus ou moins, principalement aux États-Unis et à Hambourg, où l'on voit de véritables usines à vapeur dans lesquelles s'élaborent des boissons

---

(¹) *Étude des Vignobles de France pour servir à l'enseignement mutuel de la viticulture et de la vinification françaises,* par le docteur Jules Guyot.

additionnées d'aromes divers, qui seront étiquetées, au choix de l'acheteur : Château-Lafite, Château-Margaux, Château-Yquem, etc., depuis dix francs la caisse de douze bouteilles!

Tous les pays où peut croître la vigne augmentent donc avec entrain l'étendue de leurs vignobles. Mais le phylloxera et le mildew veulent faire le tour du monde! Chaque jour ils le prouvent; pas un point du globe ne semble devoir échapper à leur action! Entrerait-il dans les vues profondes du Créateur de faire disparaître de notre planète l'arbre de Noé...? A Dieu ne plaise que l'humanité fût un jour privée du vin, et surtout du vin de Bordeaux, qu'il s'appelle Médoc ou Graves, Saint-Émilion ou Sauternes!

Bonum vinum lætificat cor hominis.

L'enseignement pratique qui découle de ce qui précède ne semble-t-il pas imposer au viticulteur girondin le devoir de viser plus que jamais à maintenir, sinon augmenter, la qualité de ses produits, afin de s'attirer la préférence des consommateurs susceptibles de les rechercher? Et le nombre de ces consommateurs n'est-il pas assez grand pour trouver insuffisante la quantité de ces vins, malgré la dépravation du goût qui résulte forcément de l'usage de qualités inférieures que la pénurie des récoltes a fait entrer dans la consommation?

Reste-t-il peut-être à augmenter les moyens de

transaction capables d'élargir les voies d'écoulement du produit. C'est là un objet d'études constantes de la part du commerce girondin, et qu'il ne peut manquer de mener à bonne fin, malgré certains rapports consulaires défavorables, encore peu éloignés, émanant quelquefois de représentants de pays où la sophistication des vins est devenue une science.

Janvier 1886.

CHAPITRE PREMIER

Parmi les privilèges dont jouissaient autrefois les habitants de Bordeaux, il y avait le *privilège des vins* en vertu duquel n'entraient dans Bordeaux que les vins provenant des propriétés possédées par les habitants, en deçà des limites du pays bordelais qu'on désignait sous le nom de *sénéchaussée privilégiée.* C'était une sorte de compensation des charges diverses qu'ils supportaient, entre autres celle de l'entretien de la ville et de ses remparts.

Cette faveur ne fut d'abord accordée qu'aux habitants possédant des lettres de bourgeoisie; mais elle s'étendit ensuite à tout « bourgeois, manant ou habitant » pouvant justifier d'une résidence en ville de la durée de deux ans.

Au XVIIIᵉ siècle, la *sénéchaussée privilégiée* comprenait environ 350 paroisses; elle laissait en dehors de ses limites certaines parties du diocèse.

Le *privilège des vins,* d'origine fort ancienne, était déjà en vigueur sous les rois d'Angleterre, avant la réunion du duché de Guienne à la couronne de France. Son importance était telle qu'à plusieurs reprises les rois crurent devoir contracter l'engagement de le maintenir. En 1342, le 1er juillet, Édouard III, roi d'Angleterre, confirme, par lettre-patente, les privilèges des Bordelais. En avril 1382, même confirmation est faite par Richard II (¹). Le 12 juin 1451, Charles VII fait serment sur l'évangile et sur la .croix de maintenir les habitants de Bordeaux dans leur privilège des vins. Ce serment est renouvelé solennellement par Louis XI, lors de son passage à Bordeaux, dans l'église Saint-André et dans la cha pelle Saint-Martial. Les lettres-patentes et arrêts de Charles VIII (octobre 1483), de Louis XII (juillet 1498), de Henri II (28 juin 1551), de Charles IX (janvier et mars 1561), de Henri III (juillet 1583), de Henri IV (octobre 1602), de Louis XIII (juin 1610), de Louis XIV (septembre 1643), de Louis XV (mai 1716) (²) et de Louis XVI (29 novembre 1776), maintiennent les privilèges des Bordelais.

(¹) *Livre des Bouillons,* f⁰ 55, n⁰ 54.

(²) Il est dit, dans cette dernière, « ainsi que ceux (les privilèges) qui » concernent les vins du cru de la sénéchaussée sont aussi d'une conces- » sion des plus anciennes, ayant même été confirmez, dès l'année 1451, » par un traité fait avec le roy Charles VII, et qu'après avoir été supprimez » par Henri II, en 1548, ils ont été rétablis par le même roy, en 1550, et » renouvellez par Charles IX, en 1560 et 1566, et ont été, depuis, expres- » sément ou indéfiniment de nouveau confirmez par les rois leurs succes- » seurs, etc. » (*Livre des Privilèges,* Appendice, p. 494.)

Il y eut cependant une petite interruption dans le fonctionnement légal du privilège. En 1548, le peuple s'étant révolté, la ville de Bordeaux fut privée de ses privilèges par Henri II; mais deux ans après ce même monarque, par lettre du mois d'août 1550, rétablissait les choses en leur état primitif. Il était dit dans cette lettre : « Et tant qu'il y aura vin du creu de quelques » bourgeoys de ladicte ville, il ne sera permis à autres » personnes de vendre vin en ladicte ville et faulx- » bourgs d'icelle, que prealablement les vins des » bourgeoys ne soient venduz. »

« *Item,* il ne sera permis, à quelque personne que » ce soit, vendre vin en taverne en ladicte ville, depuis » la feste de Sainct-Michel jusques au jour et feste de » Pantecouste, s'il n'est bourgeoys de ladicte ville, et » que le vin qu'il vand soit de son creu. »

Il n'est pas douteux qu'au cours des deux années de suppression 1548-1550, le privilège des vins continua de fonctionner comme avant, sa pratique si ancienne ne pouvant être détruite en un si court espace de temps dans les rouages administratifs.

Les arrêts du Parlement, les règlements faits par les maires et les jurats concernant le privilège des vins, sortent à diverses époques pour qu'on laisse entrer en ville les vins des « bourgeois, manans et habitans » qui y résident avec leur famille, et aussi pour défendre aux taverniers, hôteliers, cabaretiers ou autres personnes de vendre d'autre vin que celui desdits bourgeois et habitants, à moins d'épuisement complet de ce dernier.

On pourrait multiplier les citations à ce sujet : toutes viennent affirmer la force du privilège des vins.

Il est bon de dire que l'application des lois qui régissaient ce privilège fut quelquefois, en vertu d'ordonnances locales, modifiée dans les détails, selon les temps et suivant les circonstances. C'est ainsi que longtemps les habitants « non bourgeois » ne purent faire vendre leurs vins en taverne avant que celui des bourgeois ne fût entièrement épuisé, et qu'à certaines époques, les médecins et les monnayeurs étaient exempts du *droit des échats* [1].

Aux époques où les Anglais étaient maîtres du pays, les vins des contrées qui, à l'occasion de révoltes, avaient pris parti pour le roi de France, ne pouvaient être vendus dans Bordeaux. Darnal, dans sa *Chronique bourdeloise,* rapporte à ce sujet une « plaisante histoire » qu'il a trouvée dans des registres de l'administration. Le *poissonnier* de Sainte-Croix, soupçonné d'avoir vendu à la confrérie de Saint-Maumolin une pipe de vin de provenance « non anglaise », fut obligé de faire serment sur les reliques de ce saint de déclarer si ce vin provenait ou non d'un lieu anglais [2].

Nul ne pouvait donc introduire dans Bordeaux d'autres vins que ceux récoltés dans la *sénéchaussée privilégiée* et sur les propriétés de personnes résidant en ville.

[1] La nature de ce droit est expliquée plus loin.

[2] Les registres dont parle Darnal portent ces mots gascons : « Fut » ordonnat que lou peyssonney saincte Crox iuri sur lou bras de Sainct » Maumolin, que una pipa de vin que se disave ave vendud à la Confrérie » de Sainct Maumolin, si a le loc Angles et de son propre benefici. » (*Supplément des Chroniques de la noble ville et cité de Bourdeaux,* Jean DARNAL, édit. 1666, p. 29.)

Les vins d'autres provenances formaient ensuite deux catégories : l'une, comprenant les produits des propriétaires de la sénéchaussée « non habitants »; l'autre, ceux récoltés hors de ce territoire. Ces vins étaient la plupart du temps vendus au commerce qui les écoulait au dehors, en acquittant les droits dus au trésor royal dont ils étaient frappés. Quant aux derniers, on les emmagasinait exclusivement, et en vertu de règlements spéciaux, dans les chais situés « dans le fauxbourg des Chartrons, depuis l'esplanade » du Château-Trompette jusques à la rue du Saint- » Esprit. » En aucun autre lieu de la ville ou des faubourgs cette catégorie de vins ne pouvait être entreposée. « Les propriétaires, locataires ou fermiers » des chays ou celliers situés en paludate, près la » Manufacture, ou aux Chartrons au delà de la rue » Saint-Esprit ne pourront recevoir dans les dits chays, » sous quelque prétexte que ce puisse être, d'autres » vins que ceux qui jouissent de la Jauge Bordelaise (¹), » à peine de confiscation du vin et de mille livres » d'amende (²). » Aussi les immeubles de cette première portion du faubourg des Chartrons jouissaient-ils d'une plus-value; et l'on n'omettait pas, dans les annonces de location ou de vente, d'en indiquer la situation particulière. Le *Journal des Affiches* du 6 juillet 1769 porte celles-ci : « Maisons neuves, rue » Saint-Esprit, aux Chartrons, l'une ayant sa façade sur

(¹) Les seuls vins de la sénéchaussée pouvaient être logés dans des barriques bordelaises. On trouvera au chap. IV d'amples explications sur ce point.

(²) *Ordonnance des Maire et Jurats,* du 27 janvier 1740, art. XII (Archives municipales, C. *Vins,* A. A. 5.)

» les Chartrons, et en suivant à gauche dans ladite rue
» privilégiée pour le dépôt des vins du Haut-Pays, à
» vendre. » — « A vendre une échoppe, rue Notre-Dame
» aux Chartrons, dans l'entrepôt des vins de haut. »

Le siècle dernier, les propriétaires des maisons
situées vis-à-vis de l'esplanade du Château-Trompette
et dans la rue Notre-Dame, s'appuyant sur une transaction de l'an 1500, passée entre le Bordelais et la
province du Languedoc, revendiquèrent pour leurs
immeubles la faculté de recevoir les vins du haut pays,
qui n'était accordée, à ce moment, « qu'aux maisons
» qui sont sur le bord de la rivière, jusques à la rue
» Saint-Esprit (¹). » Ils durent obtenir gain de cause,
puisque l'une des annonces citées plus haut, posté-
rieure à cette démarche, mentionne une maison à
vendre rue Notre-Dame « dans l'entrepôt des vins de
haut ».

(¹) Arch. mun., manusc., C. *Vins.*

CHAPITRE II

L'entrée des vins privilégiés était gratuite, et seulement soumise à certaines formalités en vue d'empêcher la fraude, c'est-à-dire l'introduction en ville de vins « non privilégiés ».

Un *Bureau des vins* était installé à l'Hôtel de Ville (¹). Les habitants, propriétaires de vignobles,

(¹) « Bureau pour la déclaration des entrées des vins privilégiés :
» MM. Dupin, rue des Herbes; David, rue des Argentiers; Bruguier, rue
» Castillon. Ledit Bureau se tient à l'Hôtel de Ville, où l'on expédie des
» permissions pour l'entrée des vins bourgeois et des habitants, sçavoir :
» depuis neuf heures du matin jusqu'à midi, et depuis trois heures jusqu'à
» cinq heures. On y expédie aussi les permissions pour la sortie des barri-
» ques de vuidanges. » (Bibliothèque de la ville, *Étrennes Bordelaises ou
Calendrier raisonné du Palais, année 1766.*)

Jean Dupin occupa pendant de longues années l'emploi de « Commis
» au Bureau des déclarations et des billettes d'entrée des vins de la Séné-
» chaussée et Pays Bourdelois ». Il apportait une surveillance si active dans
l'exercice de ses fonctions que les fraudeurs l'exécraient et lui suscitèrent
de graves ennuis. (Biblioth. de la Ville, *Recueil de factums*, t. III, p. 364.)

devaient y déclarer, avant le premier janvier, la quantité de vin récoltée dans leurs propriétés.

Voici la copie de deux déclarations de cette nature :

RÉCOLTE DE **1769**. — *M. Malécot, bourgeois de Bor-*
» *deaux, demeurant dans la maison de M. Raganeau, sur*
» *les Fossés de la ville, paroisse Saint-Éloy, déclare avoir*
» *recueilly, la présente année, dans son bien situé dans la*
» *paroisse de Villenave, le nombre de dix tonneaux vin*
» *rouge et de six tonneaux vin blanc, ce qu'il affirme*
» *véritable sous la foy du serment et qu'il promet de*
» *renouveler en justice s'il en est requis judiciairement.* »

« **1768**. — *Le sieur Bouger a déclaré, dans son bien de*
» *Saint-Loubès, cinq barriques vin rouge et quatre ton-*
» *neaux vin blanc* (¹). »

Chaque fois qu'un habitant voulait recevoir du vin, il prenait une *billette* indiquant le nombre de barriques ou de tonneaux à faire entrer. Le compte de chacun était tenu à jour, et il va sans dire que le total des entrées successives ne devait pas excéder celui de la récolte déclaré après les vendanges.

Les *billettes,* remises entre les mains des portiers, demeuraient aux portes. Mais comme il arriva que la même billette servit deux fois, un règlement, sorti vers 1750, exigeait que ces pièces fussent tous les lundis apportées en jurade et vérifiées avec les feuilles émanant du Bureau des vins.

Après ce moyen, encore insuffisant pour empêcher la fraude, on employa des boîtes de ferblanc dans les-

______

(¹) Arch. mun., manusc., C. *Vins.*

quelles la billette était jetée ; la clef de ces boîtes fut confiée à un employé de l'administration (¹).

L'article XIII de l'ordonnance des maire et jurats, du 20 décembre 1759, fixe, comme suit, les heures d'entrée : de mars à septembre inclus, de quatre heures du matin à huit heures du soir ; pendant les autres mois, de six heures du matin à six heures du soir. Tout vin introduit en ville en dehors de ces heures était confisqué ; le propriétaire et le charretier qui le transportait étaient passibles d'une amende de cent livres ; pareille amende était infligée au portier de la Ville qui, en outre, était destitué (²).

A la suite d'abus commis à l'entrée il avait été décidé, le 22 septembre 1691, que des bourgeois se tiendraient, à tour de rôle, aux portes de la ville, pour y surveiller l'entrée des vins (³). Une délibération municipale, du 20 février 1706, portait qu'un jurat se tiendrait à l'Hôtel de Ville, matin et soir, afin d'y signer les *billettes*.

Malgré toutes ces précautions, les fraudeurs parvenaient à introduire en ville des *vins prohibés,* soit en s'entendant avec les portiers, soit en profitant des passages non gardés. C'est pour cela que vers 1760, Jean Dupin, commis principal au Bureau des vins, fait établir une barrière à la porte du Jardin public et une autre sur le chemin qui communiquait des Chartrons au faubourg Saint-Seurin.

(¹) Biblioth. de la Ville, *Recueil de factums,* t. III, p. 365 et 368.

(²) *Nouveau règlement de MM. les Maire, Sous-Maire et Jurats, Gouverneurs de Bordeaux, Juges criminels et de police, pour l'entrée des vins dans la ville et leur vente en détail,* du 20 décembre 1759. (Arch. mun., C. *Vins,* IIII - 313.)

(³) *Continuation à la Chronique Bourdeloise,* p. 148.

« Nous sçavons encore, dit un mémoire, qu'il avait
» le projet de deux autres barrières, l'une, après le
» pont de la Manufacture, et l'autre, à l'entrée du pré
» de Bordes. De cette manière, toute communication
» de la rivière et des Chartrons seroit interceptée
» d'avec tous les fauxbourgs et la banlieue (¹). »

Les propriétaires qui désiraient vendre leur vin en
ville, avaient la faculté de le faire débiter chez les
taverniers ou cabaretiers, ainsi que dans leur propre
maison. Dans ce dernier cas, ils « ouvraient taverne ».
Un tavernier juré (²) était appelé pour procéder au
débit de la marchandise, qu'il devait vendre au prix
fixé par le propriétaire. Dès que le *mesuroir* du tavernier était déposé devant la porte, la taverne était
ouverte, et l'on pouvait y venir acheter. Une jonchée
d'herbes était faite à l'entrée. Le tavernier annonçait
fréquemment et à haute voix la qualité, le prix et le
cru du vin, et il lui était expressément défendu de
tromper le public sur la provenance de la marchandise, c'est-à-dire « de crier vin de Médoc, Queyrie et
» Palus, et d'autres endroits et creus, pour vin de
» Graves » (³). Deux tavernes ne pouvaient fonctionner en même temps, « en même rue et vue », sous
peine d'amende. Un droit, appelé *droit d'échats* (⁴),
était perçu chez le propriétaire-vendeur. Ce droit,

(¹) Biblioth. de la Ville, *Recueil de factums,* t. III, p. 365.

(²) Voir, à l'*Appendice* de cet ouvrage, le rôle des taverniers.

(³) *Anciens et nouveaux Statuts de Bordeaux,* édition Simon Boé,
1701, p. 181.

(⁴) *Droict d'échatz, échats, achapts ou achats.* Darnal, dans sa *Chronique Bourdeloise,* p. 39, parle du « droict des achapts, autrement appellé
» des tavernes ».

d'abord de 6 *pots* de vin par barrique, au profit du
« bien patrimonial de la ville », fut, en 1677, porté
à 12 pots, dont 6 pour ledit bien patrimonial et 6 à
titre d'octroi. Cette augmentation, fixée par arrêt du
Conseil d'Etat du 25 septembre 1677, était créée en
vue de subvenir en partie aux dépenses nécessitées
par l'agrandissement du Château-Trompette, dont les
travaux étaient commencés depuis 1675 [1].

A certaines époques, les « bourgeois » furent exemp-
tés de tout ou partie du « droit des échats », mais pour
la vente dans un cabaret seulement; comme aussi leur
vin fut classé au nombre des objets insaisissables.
« Ne peuvent être saisis les vêtements des bourgeois,
» de leur femme, etc., ni leur vin de consomma-
» tion [2]. »

En 1776, le vin consommé dans la citadelle et les
forts, ainsi que dans l'intérieur du palais de l'Ombrière,
était affranchi du paiement du *droit des échats* [3].

En août 1639, les « Bayles » [4] des taverniers firent
assigner un habitant, nommé Rives, pour avoir vendu
du vin, près l'abbaye de Sainte-Croix, sans ministère
de tavernier [5].

Ceux qui louaient des chais et des caves dans l'intérieur de la ville étaient tenus de fournir au jurat de
leur quartier un état de ces entrepôts, mentionnant

[1] *Livre des Privilèges,* n° LXXIII, p. 425.
[2] *Nouvelles Coutumes et Privilèges, confirmés par le prince Edouard,
fils de Henri III, roi d'Angleterre (Archives historiques de la Gironde,*
t. II, p. 241.)
[3] Arrêt du Conseil d'État du 24 novembre 1776.
[4] Syndics.
[5] *Contin. à la Chron. Bourd.,* p. 56.

la rue où ils étaient situés, le nom du locataire et la durée de la location. Comme aussi les locataires devaient déclarer la quantité du vin emmagasiné, le nom du cru, s'il était rouge ou blanc, vieux ou nouveau, sous peine de confiscation de la marchandise et d'amende ([1]).

Les vins privilégiés étaient aussi exempts de certains droits de circulation perçus sur les autres vins, au profit du trésor royal. En 1375, le maire et les jurats se plaignirent au Sénéchal de Gascogne de ce que le *Connétable* de Bordeaux ([2]) avait indûment perçu les droits sur les vins de Guilhem-Arnaud de Conques, de Bordeaux, provenant de son vignoble de La Réole ([3]). Sur-le-champ, ils obtinrent le remboursement de ces

---

([1]) Ordon. des Jurats, du 10 juillet 1699. (*Cont. à la Chr. Bourd.*, p. 225.)

FORMULE DE DÉCLARATION POUR L'ENTRÉE DU VIN DÉCLARÉ,
EN USAGE EN 1759.

Je   Bourgeois ou Habitant de Bordeaux,
paroisse   rue   dans la maison occupée
par   déclare avoir fait entrer par la
porte   et faire porter chez
rue   paroisse   le nombre
de   tonneaux   barriques de Vin rouge
ou blanc, faisant partie du Vin que j'ai déclaré avoir recueilli en
l'année   dans mon bien de
paroisse   de laquelle récolte il me reste
encore   tonneaux   barriques de Vin rouge
et   de Vin blanc, ce que j'affirme véritable sous la
foi du serment, que je me soumets à renouveller en Justice, si j'en suis
requis judiciairement.

(*Nouv. Règl. de MM. les Maire, Sous-Maire, Jurats, Gouverneurs,* etc., 20 décembre 1759, p. 18. — Arch. mun., C. *Vins*, IIII-313.)

([2]) *Connétable*, qui avait la charge de la *Connétablie, Contablie* ou *Comptablie.*

([3]) On verra que plus tard La Réole n'était plus comprise dans les limites de la sénéchaussée privilégiée.

droits, et le Connétable reçut en même temps des instructions pour éviter le retour de pareille infraction aux Règlements (¹).

En 1512, le duc de Longueville, comte de Dunois, lieutenant général du roi en Guienne, ayant fait entrer à Bordeaux du vin du haut-pays, une émeute éclata, « tant le peuple estoit désireux de maintenir ses pri-
» vilèges et libertez (²). »

Le droit au *privilège des vins* se perdait par la « non-résidence en ville » : « Ceux des Bourgeois,
» Manants et Habitants de Bordeaux qui auront été
» absents pendant un an de ladite Ville, ou Faux-
» bourgs, seront déchus du privilège de l'entrée de
» leurs vins, jusqu'à ce qu'ils aient acquis un nouveau
» domicile par une résidence nouvelle et continue de
» six mois (³). » Il revêtait un caractère d'inviolabilité qui attira souvent sur les jurats, qui avaient mission de le faire respecter, les colères de gens non autorisés à en jouir. Dans plusieurs requêtes présentées au roi par ces derniers, les jurats sont qualifiés de despotes et de tyrans.

A diverses époques, des personnages appartenant à la noblesse et au clergé crurent pouvoir jouir du privilège des vins, bien que ne résidant pas dans Bordeaux; mais ils rencontrèrent toujours une ferme opposition chez les jurats, dont les règlements préva-laient en haut lieu. En 1740, M. de Malromé, prévôt

(¹) *Livre des Bouillons,* fol. 110 et 111 verso, n° 123.
(²) *Chonique Bourdeloise,* p. 28.
(³) Règlement des Maire et Jurats, du 20 décembre 1759. (Arch. mun., C. *Vins.*)

général de Guienne, émet la prétention de faire entrer en ville ses vins récoltés en dehors de la sénéchaussée, mais il n'obtient pas gain de cause. En 1782, sont repoussées les conclusions d'un mémoire présenté à M. le comte de Vergennes, ministre d'État, par le curé de Cantenac, qui revendiquait pour les curés le droit de faire entrer et débiter leurs vins, s'appuyant sur un arrêt du Grand-Conseil sorti en 1725. Le curé de Cantenac était possesseur d'une des meilleures cures du diocèse, recueillant sans doute beaucoup de vin et partant fort intéressé dans la question (¹).

L'administration municipale prétendit que les réclamations du curé de Cantenac n'étaient pas fondées. Cependant, s'il faut en croire la *Chronique Bourdeloise,* il existait un règlement de 1554 autorisant les ecclésiastiques à faire débiter en taverne le vin de leurs bénéfices situés dans le Bordelais, en vertu de privilèges qu'ils tenaient du roi d'Angleterre (²). Mais il est aussi bon de remarquer que la résidence en ville du bénéficier était exigée au xive siècle, ainsi qu'il en est fait mention dans deux chartes : l'une, du comte de Lancastre, lieutenant du roi d'Angleterre dans la province de Guienne, datée du 22 octobre 1389; l'autre, de Richard, roi d'Angleterre, du 2 juillet de la dix-huitième année de son règne (³).

(¹) *Observations des Maire, Lieutenant-de-Maire et Jurats de Bordeaux sur le droit prétendu par les curés du diocèse de faire entrer et débiter leurs vins dans ladite ville.* (Arch. mun., C. *Vins,* IIII-313.)

(²) *Chron. Bourd.,* J. Darnal, p. 70.

(³) *Analyse des principales matières contenues dans un ancien Registre des délibérations prises dans l'hôtel-de-ville de Bordeaux,* 1411 à 1416. (Abbé Baurein, manusc., 1761. Arch. mun.)

Toutes ces démarches, au XVIIIe siècle, se heurtaient contre les articles des règlements expliquant : que les gentilshommes, quoique résidant dans la sénéchaussée de Guienne, eussent-ils dans leur maison des lettres de bourgeoisie, ou comptassent-ils parmi leurs ancêtres d'anciens jurats de Bordeaux, ne pouvaient jouir du privilège de l'entrée de leurs vins s'ils n'habitaient eux-mêmes, avec leur famille, la ville ou les faubourgs, et s'ils n'y avaient un domicile fixe et permanent; que les ecclésiastiques, quoique descendants de bourgeois, attachés à des bénéfices dans la sénéchaussée, ne pouvaient faire entrer en ville ni le vin de leurs propriétés, ni celui provenant de bénéfices, le privilège ne s'accordant qu'aux bénéfices dont le service s'exerçait dans la ville ou les faubourgs, et qui y exigeait, par conséquent, la résidence du bénéficier [1]. C'est ainsi que les Chapitres de Saint-André et de Saint-Seurin jouissaient du droit de faire entrer librement leurs vins.

Les habitants de Bordeaux avaient d'autant plus d'intérêt de tenir, à l'endroit du clergé, à l'observation des règlements, que celui-ci était susceptible, grâce aux fortes quantités recueillies tant sur ses domaines que dans ses bénéfices, de leur faire avantageusement la concurrence, en vendant à bas prix du vin dont la plus grande partie lui coûtait peu.

Au moment où le curé de Cantenac faisait entendre ses protestations, on estimait à 9,000 le nombre de

____

[1] Règlement des Maire et Jurats, du 20 décembre 1759, homologué et étendu par arrêt de la Cour du 7 janvier 1760. (Arch. mun., C. *Vins*.)

tonneaux de vin dont le clergé disposait anuellement ;
et il ne s'en vendait, année moyenne, dans les tavernes
et les cabarets de Bordeaux, que 14,000 tonneaux ([1]).

Un document de quelques années antérieur à cette
époque fournit les quantités de vin vendues annuellement dans Bordeaux et ses faubourgs « non taillables »
durant une période de neuf ans ([2]).

ANNÉES	CABARETIERS	BOURGEOIS	TOTAUX
	Barriques	Barriques	Barriques
1749	36,167	9,456	45,623
1750	38,266	7,198	45,464
1751	34,343	5,730	40,073
1752	38,179	9,045	47,224
1753	45,885	15,765	61,650
1754	51,902	11,820	63,722
1755	52,544	13,928	66,472
1756	50,129	14,066	64,195
1757	50,012	14,270	64,282
Total des 9 années :	397,427	101,278	498,705

([1]) *Observ. des Maire, Lieutenant-de-Maire et Jurats, etc.* (Arch. mun.,
C. *Vins.*)

([2])Archives départementales, *Intendance*, C. 1015.—Nous avons supprimé
les fractions de barrique. Ce document ne désigne pas la nature de l'unité
représentée par les chiffres, soit barrique ou tonneau ; mais il faut lire
barriques, car, actuellement, la consommation du vin dans la ville de
Bordeaux, dont la population est trois fois plus considérable qu'à l'époque
dont nous parlons, n'est pas supérieure à 52,000 tonneaux par an. D'ailleurs,
le document qui vient à la suite, donnant la totalité des entrées dans la ville
pendant l'année 1752-53, n'accuse que 25,312 tonneaux, sur lesquels ont
été prises les quantités livrées à la vente en cabarets et en tavernes bour-
geoises. Bien qu'on fît entrer frauduleusement des vins, il n'est guère
admissible que leur quantité s'élevât à 35,000 tonneaux, et malgré l'opinion
émise dans un mémoire de l'époque, qui fixe à 25,000 le nombre de tonneaux de vin introduits en fraude. (Voir ce mémoire au *Recueil de factums,*
t. III, p. 385, Bibl. de la Ville.)

État des vins entrés en ville, depuis le 30 octobre 1752
jusqu'au 30 octobre 1753 [1].

1752	Novembre....	3,781	tonneaux	»
	Décembre....	2,577	—	»
1753	Janvier......	2,500	—	1 barrique
	Février......	2,298	—	»
	Mars.......	1,987	—	»
	Avril.......	1,739	—	1 barrique
	May.......	3,389	—	2 barriques
	Juin........	1,600	—	»
	Juillet.......	1,339	—	3 barriques
	Aoust.......	1,348	—	2 barriques
	Septembre....	1,221	—	2 barriques
	Octobre	1,530	—	2 barriques
		25,312	**tonneaux**	**1 barrique**

Il faut aussi tenir compte des vins introduits en
fraude, en nature ou opérés avec des vins d'Espagne,
de Saintonge, de Périgord ou du haut-pays [2].

Enfin, voici les quantités de vin déclarées comme
récoltées par les propriétaires habitant Bordeaux en
1738 et 1739 :

ANNÉE 1738-1739 :

Vin déclaré............ 12,103 tonneaux
— consommé.......... 10,146 —

ANNÉE 1739-1740 :

Vin déclaré............ 12,883 tonneaux
— consommé.......... 11,764 — [3]

[1] Arch. mun., manusc., C. *Vins.*
[2] Biblioth. de la Ville, *Recueil de factums,* t. III, p. 365 verso.
[3] Arch. mun., manusc., C. *Vins.*

CHAPITRE III

Si le « privilège des vins » était l'objet d'une réglementation soutenue, il devait, par voie de conséquence, être infligé des peines envers quiconque essayait d'enfreindre la loi, en un mot de frauder.

On verra, en effet, que la répression des fraudes était sévère, parfois rigoureuse.

Les séances de la Jurade étaient souvent occupées par l'examen de contraventions de « bourgeois, manans et habitans » qui, en prêtant leur nom, facilitaient l'entrée à des vins provenant de propriétaires ne résidant pas en ville, ou récoltés hors du pays bordelais. Un autre genre de fraude consistait à déclarer, après les vendanges, plus de vin qu'on n'en avait récolté, ce qui laissait une marge permettant de faire entrer ensuite des vins « non privilégiés », voire même des vins du haut-pays, qu'on avait le soin de loger dans des barriques bordelaises.

La peine édictée envers les contrevenants était de la confiscation du vin et d'une amende de 500 livres; elle pouvait s'étendre jusqu'à la privation du droit de bourgeoisie, selon le cas.

Voici le texte d'une ordonnance arrêtée en jurade le mercredi 4 novembre 1693 [1] :

« Sur ce qui a été représenté par le procureur Sindic
» que quoy que dans toutes les villes bien policées
» l'entrée des vins étrangers soit étroitement deffen-
» due, et que par les statuts particuliers de la ville de
» Bordeaux il soit prohibé d'y faire entrer et débiter
» d'autres vins que ceux qui sont recueillis dans les
» creux [2] des Bourgeois, manans et habitans d'icelle,
» il est néantmoins averty que plusieurs particuliers,
» contre l'intérêt public et le leur propre qui en est
» inséparable, font entrer une grande quantité de vin
» recueilly dans le creu de ceux qui ne sont ny manans
» ny habitans, et sont encore moins des bourgeois, en
» surprenant des magistrats, soit en prêtant le nom à
» ceux qui n'ont pas droit d'entrée pour lesdits vins,
» soit en supposant avoir des creus dans des lieux où
» ils ne possèdent aucuns biens, ou qu'ils ont recueilly,
» dans leurs creux, grande quantité de vin qu'ils n'y
» en ont pas en effet recueilly, et rendu par ce moyen
» inutiles toutes les précautions qui ont été prises pour

[1] *Ordonnance publiée à son de trompe et affichée à toutes les portes de la ville, ainsi que dans les cantons et carrefours publics.* (Arch. mun., C. *Vins*, AA. 6.)
[2] Crus.

» obvier aux dites fraudes, à quoi il estoit nécessaire de
» pourvoir, en renouvellant la disposition de l'estatut
» et y adjoutant même de nouvelles peines : les Maire
» et Jurats, gouverneurs de Bordeaux, juges criminels
» et de police font, comme autrefois, inhibitions et
» deffenses à tous Bourgeois, manans et habitans de la
» présente ville, de faire la main à ceux qui n'ont pas
» droit d'y faire entrer leurs vins, ce faisant de leur
» prêter le nom directement ny indirectement, ny sup-
» poser des creus qu'ils n'ont pas, ny déclarer avoir
» recueilli plus de vin qu'ils n'en ont effectivement
» recueilly, à peine de confiscation du vin et de
» 500 livres d'amende contre ceux qui auront prêté
» leur nom, supposé des creux qu'ils n'ont pas ou
» déclaré plus grande quantité de vin qu'ils n'ont
» recueilly; et de pareille somme contre ceux qui se
» seront servis de noms d'autrui, même de privation
» du droit de Bourgeoisie. Et afin que personne ne
» puisse prétendre cause d'ignorance, ordonnent que
» la présente ordonnance sera leue et publiée à son
» de trompe et affichée à toutes les portes de la ville
» et cantons et carrefours publics d'icelle. Fait à Bor-
» deaux, dans l'Hôtel-de-Ville, le 4 novembre 1693. »

L'écoulement, dans Bordeaux, des vins des Bordelais, était donc favorisé par le *privilège des vins*. Une
surveillance de jour et de nuit était exercée afin
d'empêcher l'introduction en ville des vins « non
privilégiés ».

Pendant les rondes nocturnes qui avaient lieu pour
la sûreté des habitants, on surprit quelquefois des

fraudeurs. Voici une partie d'un procès-verbal de saisie, dressé en 1751 par un jurat, M. Alphonse Donissan, comte de Citran, qui conduisait une patrouille dans la soirée du 29 avril de cette année :

« Aujourd'huy, vingt-neuf avril mil sept cent cin-
» quante-un, environ vers onze heures du soir, nous,
» Alphonse Donissan, comte de Citran, chevalier et
» jurat de Bordeaux, étant partis de l'hôtel-de-ville
» en compagnie du sieur Despiau, ayde-major de la
» ville, joint de dix archers du guet et d'un caporal,
» après avoir fait plusieurs rondes en ville, sommes
» sortis par la porte Dauphin (¹) pour y faire la
» patrouille.

» Étant parvenus dans la rue Fondaudège, vis-à-vis
» Layrand, rue St-Seurin, avons entendu le bruit d'une
» charrette, et nous étant avancés du cotté que nous
» avions entendu le dit bruit, avons rencontré deux
» charrettes attellées de trois chevaux, et sur lesquelles
» avons aperceu quatre barriques. Ayant fait arrêter
» les dites charrettes, avons demandé à ceux quy les
» menoient ce que contenoient les dites barriques,
» nous ont répondu que c'étoit du vin. Avons inter-
» pellé les dits hommes quy conduisoient les dites
» charrettes où ils avoient pris le dit vin, nous ont
» répondu, après avoir levé la main, promis et juré
» de dire vérité, avoir pris ledit vin sur les Chartrons,
» près la croix (²). »

Nous épargnerons au lecteur la suite du procès-

(¹) Aujourd'hui Porte-Dijeaux.
(²) Arch. mun., manusc., C. *Vins,* AA. 5.

verbal, au cours duquel les charretiers se défendent
d'abord par des réponses évasives, et finissent par
fournir les indications réclamées par le jurat.

Les charrettes furent amenées à l'Hôtel-de-Ville, le
vin déposé dans l'arsenal et les chevaux mis en four-
rière jusqu'à ce que justice fût rendue sur cette
contravention.

CHAPITRE IV

Intimement liée au « privilège des vins », la barrique bordelaise en usage de nos jours était déjà établie au xvie siècle, ainsi que le constate un arrêt du Parlement, de 1597, dont il est question plus loin.

Dès cette époque, les Bordelais, comprenant toute la protection qu'ils devaient au produit qui faisait leur fortune, le vin, se préoccupèrent de lui créer une forme spéciale de logement susceptible d'être distinguée de prime abord de celle du vin des pays voisins.

Ils obtinrent du pouvoir que cette forme serait leur monopole, et cela d'autant plus facilement qu'elle était appelée à faciliter le contrôle des agents du fisc royal, les vins du Bordelais jouissant, à l'encontre de ceux des régions environnantes, de l'exemption de certains droits de circulation perçus au profit du Trésor.

Antérieurement à l'arrêt du Parlement de 1772, qui est mentionné dans divers ouvrages où il est question de la barrique bordelaise, nous retrouvons un document manuscrit, daté de 1744, dans lequel il est dit :

« Comme la terre qui environne Bordeaux et qui
» compose le pays bordelais est une terre ingrate et
» stérile, dont toute l'industrie des habitants ne peut
» tirer que du vin, et que ces vins méritent une grande
» distinction à cause de leur qualité, n'y en ayant point
» de plus propres pour le commerce étranger, pourveu
» qu'ils ne soient point coupés avec d'autres vins, on
» a pris des précautions, dans tous les temps, soit
» pour donner quelque préférence pour la vente des
» vins de la Sénéchaussée de Bordeaux à ceux des
» autres provinces voisines, soit pour empêcher le
» coupement des vins de Bordeaux avec les vins
» étrangers (¹), soit enfin pour qu'à l'inspection d'une
» pièce de vin on puisse connaître si le vin est de
» Bordeaux ou s'il n'en est pas (²). »

Plus anciennement, à la requête des jurats de Bordeaux, le Parlement rendit un arrêt, en février 1597, par lequel il était défendu à « toute manière de
» gens, habitans ou bientenans » de Bazas, La Réole, Marmande, Bergerac, Sainte-Foy, Saint-Seurin-de-Mortagne, Saintonge, Agenais, Condomois et autres lieux, de faire mettre leurs vins dans des barriques de jauge bordelaise « ny conformes à ycelles soit en

(¹) L'étranger, à cette époque, commençait, pour les vins, au delà des limites de la sénéchaussée.

(²) Arch. mun., manusc., C. *Vins*.

» longueur, grosseur ou largeur, mais en la forme
» ancienne », sous peine de dix mille écus d'amende
et de la confiscation du vin.

A cette occasion, les dimensions et formes de la
barrique bordelaise furent arrêtées comme suit :

<pre>
Contenance. . . . .   32 verges ou 112 pots.
Longueur. . . . .   2 pieds 10 pouces 2 lignes.
Circonférence au bouge. . . .   6 pieds 8 pouces.
Circonférence à la tête. . . . . 6 pieds (¹).
</pre>

On voit qu'elles diffèrent peu de celles employées
aujourd'hui et qui ont été déterminées par la Chambre
de commerce de Bordeaux le 12 mai 1858. Il y avait
cependant trois centimètres de plus dans la longueur,
quatre dans la circonférence du bouge et dix dans
celle de la tête, ce qui faisait la barrique plus cylin-
drique que celle de nos jours et semblerait lui faire
dépasser de beaucoup la contenance de cette dernière;
mais, tous calculs faits, cette contenance n'était que
de 228 litres, parce que les épaisseurs de bois, que
nous donnons plus loin, plus fortes que celles de la
barrique moderne, diminuaient d'autant la capacité.

La barrique bordelaise devait être cerclée de chaque
bout en plein, c'est-à-dire sans intervalle entre les

(¹) Soit : Longueur . . . . , 0ᵐ94
     Circonférence au bouge. 2ᵐ22
     Circonférence à la tête . . . . 2ᵐ »

Dimensions et contenance actuelles, arrêtées par délibération de la
Chambre de commerce de Bordeaux, le 12 mai 1858 :

     Longueur. 0ᵐ91
     Circonférence au bouge 2ᵐ18
     Circonférence à la tête 1ᵐ90
     Contenance. . . . . 225 litres.

cercles, et ceux-ci ayant les bouts entiers, l'ongle de chacun se présentant, l'un à droite, l'autre à gauche, et la ligature faite en plein et d'une seule liaison; les cercles étaient en bois de coudre ou *aulan* [1].

La bonne qualité du bois des barriques était également exigée. En vertu de règlements antérieurs à cet édit, les fûts dont le bois avait de l'aubier étaient brûlés, et toutes les conséquences de cet acte retombaient sur le tonnelier qui les avait fabriqués [2].

Jusque vers la fin du XVIIe siècle, les forêts du pays de Guienne avaient suffi à fournir le bois employé dans la fabrication des barriques; mais au commencement du siècle suivant, on était obligé de chercher un appoint dans le haut Limousin, en Auvergne et à l'étranger. Il en résulta une augmentation sensible du prix de la barrique qui, de 50 sols à un écu, atteignait en 1725 de 7 livres 1/2 à 10 livres, selon qualité [3].

Les habitants de Bazas, entre autres, voulurent se soustraire à la loi qui leur défendait de faire usage de la barrique bordelaise; le différend dura longtemps; enfin, le 12 janvier 1613, toutes contestations à ce sujet portées devant le Conseil du roi provoquèrent un arrêt ordonnant qu'à l'avenir il n'y aurait, dans la ville et prévôté de Bazas, qu'une jauge pour les barriques, et que cette jauge différerait en tous points de celle du Bordelais.

[1] Noisetier.

[2] *Nouvelles Coutumes et Privilèges* confirmés par le prince Édouard, fils de Henri III, roi d'Angleterre. (*Arch. hist. de la Gironde*, t. II, p. 241.)

[3] *Remontrances du Parlement de Bordeaux au roi, sur l'établissement du cinquantième,* 17 juillet 1725. (Biblioth. de la Ville, manusc., fonds Lamontaigne, C. I, p. 6.)

La contenance de la barrique du Bazadais fut fixée
à 96 pots « mesure de Bordeaux », et les apparences
extérieures de cette barrique établies de la manière
suivante :

Longueur . . . . 2 pieds et demi.
Circonférence au bouge. . . . . 5 pieds 10 pouces.
Circonférence à la tête. . . . . 5 pieds 4 pouces.

En outre, elle ne pourrait être recouverte de cercles
de coudre ou *aulan,* comme celle de la sénéchaussée
bordelaise, mais de tout autre bois; ses cercles ne
seraient pas à ongles, mais liés jusqu'au bout et
tournés du même côté.

Il fallait donc s'en tenir rigoureusement à ces
mesures et formes. Pour les mesures, la loi n'accordait
comme tolérance qu'une différence, en plus ou en
moins, d'un pouce au bouge ou à la tête. Les contraventions étaient punies d'une amende à fixer par les
jurats et de la saisie du vin, qu'on distribuait aux
pauvres; de plus, les barriques étaient défoncées.

Il fut aussi décidé qu'un étalon représentant les
deux types de barriques prescrits serait déposé dans
chacun des hôtels-de-ville de Bazas et de Bordeaux.

Il va sans dire que la loi accordant au pays bordelais
le monopole d'une forme et contenance de barrique
fut quelquefois violée, car les propriétaires des pays
voisins écoulaient plus facilement et plus avantageusement leurs récoltes dès qu'ils osaient les présenter
en barriques bordelaises.

En 1740, les jurats de Castillon saisirent, au préjudice d'un sieur de Carbonnières, ancien officier de

cavalerie, un lot de vin de Domme, logé en 66 barriques de forme et cerclage bordelais. Malgré ses protestations et ses requêtes, M. de Carbonnières, qui prétendait avoir le droit d'employer la barrique bordelaise, fut condamné à perdre la marchandise et à payer 300 livres d'amende. Quatre ans plus tard il récidivait et, de nouveau, était condamné.

Les maîtres de bateaux eux-mêmes avaient reçu défense, sous peines sévères, de transporter des vins frauduleusement logés.

Voici une lettre, datée du 10 novembre 1775 [1], par laquelle les maire et jurats de Libourne demandent leur avis aux maire et jurats de Bordeaux sur une saisie qu'ils venaient d'opérer de vins de Montravel logés en barriques bordelaises :

« VIN DU PAÏS DE NOUVELLE CONQUÊTE [2]
» *Jauge des Barriques*

» MESSIEURS,

» Les habitans des jurisdictions de Sainte-Foy, Mon-
» travel, Gensac, Pujols et autres lieux qui sont hors
» de la sénéchaussée de Guienne ayant entrepris de
» loger leurs vins en futailles de la jauge bordelaise,
» cette contravention aux arrêts du règlement nous a
» déterminés à séquestrer, le 4 de ce mois, dix-sept
» tonneaux de vin de la jurisdiction de Montravel,
» logé en futailles de notre jauge.

[1] Arch. mun., manusc., C. *Vins*.

[2] On désignait sous le nom de « pays de nouvelle conquête » cette partie de la Guienne qui, jointe à Bordeaux, fit cause commune avec les Anglais en 1452, et fut de nouveau assujettie à la France l'année suivante par Charles VII, après la défaite de Talbot, général anglais.

» Cette séquestration va nous attirer quelqu'affaire
» sérieuse avec les habitans de cette jurisdiction et
» avec ceux des jurisdictions voisines, car on nous a
» prévenu qu'on devait en faire descendre aujourd'hui
» douze ou quinze tonneaux de Gensac, logés dans des
» futailles de la même jauge.

» Comme nos démarches, dans cette occasion, ten-
» dent à maintenir le privilège des habitans de la séné-
» chaussée de Guienne, nous vous prions, Messieurs,
» de vouloir bien vous réunir avec nous pour la
» conservation de nos intérèts communs.

» En conséquence, veuillés nous dire si l'on se con-
» forme toujours, à Bordeaux, aux arrêts de Règlement
» concernant les différentes jauges et le cerclage des
» barriques; si vous saisiriés actuellement des vins
» recueillis dans les jurisdictions dénommées au com-
» mencement de cette lettre, s'ils étaient logés dans
» des futailles d'une jauge prohibée à ces jurisdictions,
» et si après avoir fait de pareilles saisies vous confis-
» queriés les vins saisis ou si vous présenteriés vos
» verbaux à la Cour pour y être statué.

» S'il se présente quelque occasion où nous puissions
» vous être utiles, vous pourriez disposer de nous
» comme de vous-mêmes.

» Nous sommes avec respect, Messieurs, vos très
» humbles et très obéissants serviteurs.

» *Signé :* FONTÉMOING, maire; VACHER, jurat;
» CHAUVIN, jurat; REYNAUD, jurat.

» Libourne, le 10 novembre 1775. »

Établie à la suite de l'arrêt de 1597, la barrique étalon disparut, avec le temps, de l'Hôtel-de-Ville. Divers accommodements avec la règle entrèrent peu à peu dans les usages. C'est ainsi que vers le milieu du XVIII siècle on faisait des barriques dont la contenance ne dépassait pas 102 pots, et que les cabaretiers ne réglaient le propriétaire qui leur confiait la vente de sa récolte qu'à raison de 100 pots par barrique. Ce dernier usage, onéreux pour ceux qui livraient des barriques de contenance réglementaire, comme aussi les réclamations des pays étrangers qui recevaient des vins de Bordeaux, notamment la Hollande, réclamations parvenues jusqu'au roi par la voie des ambassadeurs, firent sentir la nécessité de revenir à une règle sans laquelle les transactions commerciales fussent devenues difficiles. De là sortit l'arrêt du Parlement, du 28 août 1772, dont voici un extrait :

« Ce jour, le Procureur général du Roy est entré et
» a dit que les difficultés qui se sont élevées sur la
» continence des barriques pendant le cours de la
» présente année, ont donné lieu à des contestations
» entre les vendeurs et les acheteurs des vins, dont
» les unes ont été portées devant le Sénéchal de
» Guyenne, d'autres devant les maire et jurats de
» cette ville, et d'autres enfin en la juridiction consu-
» laire, que les jugemens intervenus dans ces différens
» tribunaux ayant été déterminés sur des principes
» opposés, se sont trouvés contraires les uns aux
» autres dans des hypothèses absolument semblables,
» et que s'il n'y était incessamment pourvu, ces diffi-

» cultés toujours renaissantes ne pourraient qu'être
» infiniment funestes, et aux propriétaires qui vendent
» leurs vins, et aux commerçants qui les achètent (¹). »

La Cour, faisant droit au réquisitoire du Procureur
général du roi, rétablit les dimensions de la barrique
bordelaise, réglées cent soixante-quinze ans aupa-
ravant.

Mais comme il existait un moyen de fraude consistant
dans l'emploi de bois très épais, de telle sorte que la
futaille, tout en ayant les dimensions extérieures
exigées par la loi, ne contenait pas 112 pots, le Parlement fixa aussi la largeur et l'épaisseur des douves,
dans toutes leurs parties :

« Largeur des douves. . . . .   4 pouces environ, le fort
                                      portant le faible.

» Fisteau. . . . .   2 pouces.

» Fonsaille. . . . .   1 pied 10 pouces 4 lignes.

   » *Épaisseur :*

» Au bouge . . . .   9 lignes trois quarts ou 10
                                      lignes au plus.

» Entre le bouge et les rainures. .   1 pouce.

» Au fisteau, en dehors. . . . . . .   1 pouce 3 lignes.

» Au maître-fonds, dans le milieu.   11 lignes.

» Près du champ-frein. . . . .   8 lignes trois quarts. »

Les tonneliers, charpentiers (²) ou autres personnes
faisant faire des barriques étaient tenus de se confor-

(¹) Arch. dép., portefeuille 1530 B.

(²) Charpentiers de barriques : « A vendre 20 à 25 tonneaux d'excellent
» vin vieux de bonne palu, bien couvert et bien conservé ; s'adresser à
» Maître André, *Charpentier de barriques*, rue du Grand-Cancera, près
» le Bon-Pasteur. » (*Annonces et affiches,* du 15 janvier 1767. Biblioth.
de la Ville.) Plus anciennement on disait : *Carpenteys de barriques.*

mer en tous points à ces dimensions, sous peine de cinq cents livres d'amende contre le fabricant et de mille livres contre le vendeur. Même pour les barriques appelées *fortes*, destinées aux voyages, ces épaisseurs de bois ne devaient pas être dépassées.

Le cerclage de la barrique bordelaise étant une des formes distinctives de cette dernière avait donné lieu, dès sa création, à un statut municipal défendant de faire sortir de Bordeaux des barriques vides entièrement cerclées, afin qu'elles ne devinssent pas, à l'occasion, un instrument de fraude pour l'introduction en ville de vins non privilégiés, ou qu'elles n'évitassent, au dehors, des droits de circulation dus au roi, à des vins qui n'étaient pas « vins de ville ».

Cette prescription laisse supposer qu'au moment où sortit ce statut (xvᵉ siècle), il n'y avait pas de tonneliers établis hors Bordeaux, sans quoi la mesure du décerclage partiel eût pu être facilement mise en échec par le remplacement en campagne des cercles enlevés à la sortie (¹). Mais il n'est pas douteux que par la suite les tonneliers ou « carpenteys de barriques » pouvaient s'établir hors ville, dans toute la sénéchaussée privilégiée. Le fait suivant, où il est parlé des barriques construites dans Bordeaux et le pays bordelais le prouve.

En 1681, plusieurs personnes s'étant permis de faire transporter des barriques de la jauge de Bordeaux hors de la sénéchaussée, et jusqu'en haut-pays, l'administration publie une ordonnance défendant à « toute

---

(¹) *Livre des Bouillons, Analyse des matières principales, etc.* (Abbé Baurein, manusc., Arch. mun.)

» sorte de personnes de faire transporter ny conduire
» aucunes barriques construites dans Bordeaux et *païs*
» *Bourdelois* hors les dits lieux » ([1]).

La circulation des barriques vides, c'est-à-dire leur
sortie de Bordeaux, était l'objet d'un compte spécial
au *Bureau des Vins,* où l'on expédiait aussi « les
» permissions pour la sortie des barriques de vuidan-
» ges » ([2]). Tout envoi non accompagné de l'expédition
ou *billette* était susceptible d'être arrêté et saisi.

Le 9 mai 1781, les commis des « fermes du roi »
arrêtèrent à la porte Saint-Julien trente futailles vides,
« de petite jauge », voyageant pour le compte d'un
sieur Fontant, marchand sur les Fossés des tanneurs.
« Ces commis n'ont pas eu plus tôt dressé leur procès-
» verbal, » dit une lettre adressée sans doute aux
jurats par un nommé Vernier, « que cinq cavaliers du
» guet, se disant porteurs de vos ordres, se sont pré-
» sentés et ont enlevé et fait conduire les dites futailles
» à l'hôtel-de-ville » ([3]).

Toute barrique devait porter aux deux bouts la
marque, à feu, du cru de vin qu'elle contenait;
mais cette marque s'enlevait « rasée » dès que les fûts
étaient vides, à moins qu'ils ne dussent être retournés
au vignoble d'où ils sortaient, et que le propriétaire
ne justifiât, dans la quinzaine, de leur rentrée, par un
certificat du juge ou du curé de l'endroit ([4]).

([1]) *Continuation de la Chron. Bourd.,* de 1671 à 1700, p. 73.
([2]) Almanach, 1769. (Arch. mun.)
([3]) Arch. mun., C. *Vins.*
([4]) Arrêt du Parlement concernant la *police des Vins,* du 18 juillet 1764,
art. V et VI. (Arch. mun., C. *Vins.*)

Comme pour tous les règlements en vigueur, les infractions à celui-ci étaient sévèrement punies. L'article VI de cet arrêt dit : « Enjoint à tous les maîtres » de chais des négocians de raser, sur-le-champ, » l'étampe des barriques qui resteront en vuidange » dans lesdits chais, à raison des consommations de » l'ouillage, du tirage au fin, ou rabattage, sous peine » de trois mille livres d'amende et de punition corpo- » relle. »

Toute personne ayant contrefait l'étampe d'autrui ou prêté la sienne pour favoriser la fraude était passible de poursuite « pour crime de faux » et de dix mille livres d'amende.

Enfin, on ne pouvait transvaser du « vin de ville » dans des fûts étrangers sans une autorisation spéciale (¹).

(¹) En 1706, un jurat est commis pour assister au transvasement de vins de ville dans des pipes de Portugal destinées à être expédiées en Irlande. (Arch. mun., manusc., C. *Vins.*)

CHAPITRE V

Nous avons dit que les vins non privilégiés étaient
déposés en des lieux désignés par les règlements,
c'est-à-dire sur les quais et dans les chais situés depuis
l'esplanade du Château-Trompette jusques à la rue
Saint-Esprit. Ces vins formaient deux catégories : la
première, sujette au droit de la *demy-marque* (¹), comprenait ceux de Castillon, La Mothe-Montravel, Saint-
Antoine, Sainte-Foy, Saint-Pey-de-Castets, Sainte-
Radegonde, Duras, Gensac, Rauzan, Pujols, Civrac,
Blaignac, Saint-Macaire, Langon, etc., et du Blayais,
à partir des esteys de Fréneau et du Boblon ; la
deuxième, acquittant les droits de la marque entière,
ou *double marque,* comprenait les vins de Mortagne,
Talmont, Royan, Berne, Moncucq, Bellot et autres

(¹) Ce droit est expliqué plus loin.

lieux situés au delà de Sainte-Foy, ainsi que ceux des contrées au-dessus de Saint-Macaire s'étendant jusqu'en Armagnac et en Languedoc.

Le droit de demi-marque était de 2 *sols* 6 *deniers* par tonneau, et celui de la marque entière de 5 *sols,* dont trois cinquièmes pour la ville et le reste à partager entre jaugeurs et marqueurs.

Les fûts devaient porter une étampe indiquant leur lieu de provenance. Avant d'entrer en chai, ils étaient jaugés et revêtus de la *marque des vins,* empreinte qui s'appliquait, à chaud, aux deux bouts de la futaille [1].

En dehors du droit de marque, l'usage voulait qu'à chaque arrivage de bateau portant des vins du haut pays, les jurats reçussent en cadeau quatre douzaines de bouteilles de vin, données par les chargeurs de ce bateau.

En 1728, un syndic député par la province du Lan-

[1] C'est en vain que nous avons cherché à retrouver la forme de la *marque des vins.* Était-ce les armes de la ville ou simplement le léopard ; les croissants ou bien encore le mot « Bourdeaux », empreintes employées par divers corps d'état pour leur marque ?

Le livre de la *Jurade* mentionne, comme suit, un ordre donné, en 1414, au trésorier de la ville, relatif au paiement de ladite marque, mais la forme de cette dernière ne s'y trouve pas décrite : « Item, ordeneren que lo tresaurey se pague de la merqua que a feit far per merquar lo bin de Haut-païs. » (Fol. 121 verso, Arch. mun.)

Il y a lieu cependant de pencher pour la première de ces formes, car, dans un arrêt du Parlement, en date du 4 septembre 1739, il est dit, pour les vins de Domme, que les « barriques, tierçons et pièces où sera logé le » vin de Domme, seront marqués des armes et cachets de ladite ville ». On se modela vraisemblablement, en cette circonstance, sur Bordeaux, ville beaucoup plus importante, qui comptait pour *filleules* les villes de Blaye, Libourne, Bourg, Saint-Macaire, Rions, Cadillac, Saint-Émilion et Castillon.

A l'appui de cette supposition, on pourrait invoquer aussi la forme de la marque des grandes mesures, qui se composait des armoiries de la ville et qu'y apposait, après leur vérification, le *Rafineur des grandes mesures.* (*Chron. Bourd.,* J. Darnal, 1666, p. 37.)

guedoc pour demander, entre autres choses, que les marchands de cette contrée fussent déchargés du présent des quatre douzaines de bouteilles de vin qu'ils avaient coutume de faire aux jurats de Bordeaux, reçut pour réponse, de l'avocat parlant pour les magistrats bordelais, que les jurats n'avaient que quelques droits honorifiques; que cette gratification était la seule qu'ils reçussent des marchands du Languedoc, et qu'il n'y avait point de grandes villes où les magistrats ne jouissent de quelques droits honorifiques. « C'est d'ailleurs » une chose si modique en soi, ajoutait-il, et les » marchands du Languedoc en usent si mal, que la » plupart du temps le vin qu'ils envoyent ne peut être » présenté à un honnête homme (¹). »

Les commissionnaires ou entrepositaires devaient déclarer à l'administration locale les quantités de vins emmagasinées, le nom et l'adresse des expéditeurs. Puis, quand ces marchandises sortaient de leur chai, une nouvelle déclaration était faite, dans les vingt-quatre heures au plus tard, avec désignation de la quantité, du nom de l'acheteur, du lieu de destination, ainsi que le nom du navire quand l'envoi se faisait par mer. Les vins ainsi expédiés acquittaient un droit de circulation appelé « droit de coutume », perçu par le « Connétable ou Contable », au profit du trésor royal, et dont l'application se fit, selon les époques, soit au vingtième de la valeur de la marchandise, soit à raison de vingt et vingt-cinq *sols* par tonneau.

(¹) *Recueil des actes concernant la descente des vins du Languedoc.* (Arch. dép., Intendance, C. 1615.)

4

Le bureau de la *marque des vins* était établi sur le quai des Chartrons, ainsi que l'explique l'arrêt du Parlement de Bordeaux, rendu pendant son exil à La Réole, en 1683. Il était défendu de faire décharger les « vins étrangers » ailleurs que « sur les Chartreux », afin qu'ils pussent être marqués.

L'office de la marque des vins s'obtenait le plus souvent par voie d'adjudication; mais le marqueur était nommé par la Ville. Ce dernier procédait toujours en présence du fermier de la marque ou de ses commis. Il touchait comme appointements, en 1551, 19 livres 10 sous (¹).

Le 18 décembre 1566, l'adjudication de la *marque des vins* est faite, pour dix-huit années, en faveur de Guillaume de Gascq, trésorier de France. A l'expiration de cette période, un nommé Jehan Orsson, demeurant dans la paroisse Saint-Pierre, est déclaré adjudicataire de la marque, pour trois années, moyennant la somme annuelle de mille dix-huit *escuz sol;* adjudication faite « en la maison commune, les portes ouvertes », en présence de M. Hostie Dagut, de Mᵉ Du Vergier, procureur en Guienne, et d'autres fonctionnaires (²). Une partie du produit de l'affermage fut quelquefois destiné à payer les robes du maire, des jurats, des procureur et clerc, ainsi que les gages de ces deux derniers et des autres officiers de la ville; à d'autres époques, on l'appliqua au rachat du « domaine de la ville ».

(¹) *Previlièges donnez par le roi Henry, second de ce nom, aulx maires, jurats et habitans de Bourdeaulx,* août 1550. (*Livre des Privilèges,* n° VII, p. 54.)

(²) *Arch. hist. de la Gironde,* t. XVII, p. 241 à 244.

Le produit des amendes qui frappaient ceux qui essayaient d'introduire du vin en fraude était également l'objet d'une adjudication; mais, d'autres fois, le droit de perception de ces amendes appartenait au marqueur.

Les vins étrangers, c'est-à-dire récoltés hors de la sénéchaussée privilégiée, et dont l'énumération est faite en tête du présent chapitre, ne pouvaient arriver aux Chartrons qu'après la Saint-Martin (novembre) pour ceux de la première catégorie, et après la Noël (décembre) pour ceux de la seconde.

Le 30 avril 1502, Jean d'Albret et les habitants de Gensac portant leurs réclamations devant le sénéchal de Guienne, à l'effet d'obtenir une exception en faveur de la descente de leurs vins à Bordeaux, provoquèrent un accord spécial entre Bordeaux et Gensac, mais dont il ne résulta, pour cette dernière localité, aucune modification aux dispositions qui précèdent.

Lorsque des chargements de vins de ces contrées, provenant d'achats faits pour le compte de la maison du roi, devaient descendre la Garonne avant ces époques, ils étaient accompagnés d'une autorisation spéciale.

C'est ainsi que le 6 décembre 1556, le roi ordonne de laisser passer des vins du haut-pays pour l'approvisionnement de sa maison, et que le 18 novembre de l'année suivante, un ordre de même nature est donné pour la quantité de mille tonneaux de vins exempts de tous droits jusque dans Paris (¹).

(¹) Arch. mun., C. Invent. de 1751.

Les vins du haut-pays et du Languedoc ne devaient rester dans les entrepôts que jusqu'au premier mai suivant. Mais à partir de 1741, à la suite d'instances souvent réitérées et portées devant le roi par les propriétaires de ces contrées, la durée de séjour s'étendit jusqu'au 8 septembre. Il s'ensuivit un accroissement sensible des arrivages de vins de ces pays, ce qui ne laissait pas de préoccuper les Bordelais, à cause de la concurrence qui devait en résulter pour leurs produits.

Après le 8 septembre, les vins invendus étaient retournés dans leur pays de provenance, ou bien convertis en eau-de-vie, sur déclaration préalable faite par l'entrepositaire qui voulait procéder à cette dernière opération.

Une ordonnance du 28 juillet 1692 oblige ceux qui brûleront des vins « au lieu des Chartrons » de jeter les résidus de chaudière dans un endroit où le public ne puisse en être incommodé, ou de les loger dans des cuves foncées des deux bouts, qu'ils garderont chez eux. Il était défendu de déposer ces résidus sur les chemins qui reliaient les Chartrons à la ville (¹).

Tout vin étranger trouvé, après le 8 septembre, tant dans les chais que sur quai et sur rade, était confisqué et son propriétaire puni d'amende.

Vers la fin de septembre 1698, deux bateaux chargés de 54 barriques de vin vieux du Languedoc, arrivant au « port des Chartrons », furent saisis par

---

(¹) *Contin. à la Chron. Bourd.*, p. 159

ordre de M. Tillet, jurat, en ce moment en tournée dans l'endroit.

Les démarches, même les mieux appuyées, réussissaient difficilement à faire lever, en faveur de ceux qui les entreprenaient, la défense de conserver des « vins prohibés » après l'expiration du délai réglementaire. Un mémoire, daté d'août 1772, fait connaître qu'un négociant, M. Laffon de Ladebat, ne pouvant se passer de vins de Cahors après la date du 8 septembre, pour faire un important envoi dans les colonies françaises, prit le parti de s'adresser au ministre de la marine afin d'en obtenir une recommandation en sa faveur auprès du Parlement; puis il remit une requête à M. Drouilhet de Sigalas, conseiller du roi « en la Grand'Chambre » : toutes ses démarches demeurèrent sans résultat (¹). L'envoi de Laffon de Ladebat devait comprendre, ainsi qu'il le disait, environ 180 tonneaux, dont à peu près la moitié en vins du Quercy et autant en vins de nos meilleurs palus.

Vers la même époque, un sieur Jarreau, commissionnaire de la Compagnie des Indes, hautement appuyé, avait eu de la peine à obtenir du Parlement et des jurats la permission de garder un lot de vins du haut-pays dans ses chais des Chartrons (²).

A plusieurs reprises, et notamment quand la récolte avait été abondante dans la sénéchaussée, il fut défendu aux Bordelais d'aller en haut-pays et en Languedoc pour y acheter des vins. Ces lois passagères, rappor-

(¹) *Arch. hist. de la Gironde,* t. I, p. 262.
(²) *Id., ibid.*

tées dès que la récolte manquait, causèrent souvent
des conflits entre le commerce et l'administration.
Le 19 décembre 1738, le maître de chai d'un sieur
Caussade, négociant à Bordeaux et « armateur pour les
îles d'Amérique », étant à Marmande pour y agréer
130 tonneaux de vin, fut arrêté en vertu d'un « décret
de prise de corps » lancé par les jurats de Bordeaux.
Malleret, ainsi se nommait ce maître de chai, conduit
dans les prisons de l'hôtel-de-ville de Bordeaux, y
subit plusieurs interrogatoires. Le 10 janvier suivant,
les jurats rendaient une sentence déclarant Caussade
contrevenant aux statuts de la Ville, arrêts et règlements du Parlement, le privant du droit de bourgeoisie et de ses privilèges, et l'obligeant à payer une
amende de deux mille livres. Malleret, de son côté,
fut déclaré incapable d'acquérir le droit de bourgeoisie
et condamné à une amende de deux mille livres. La
décision des jurats était sévère autant que contestable
était le prétendu délit, et, à la requête de M. Caussade,
le roi, en son conseil, annula ce jugement (1).

Vers le milieu du dix-huitième siècle, les Bordelais
trouvaient que le nombre des entrepositaires de vins
du haut-pays devenait trop grand. Un mémoire de
M. Thibaut, procureur-syndic de la ville à cette époque, dit :

« Une foule de jeunes gens du haut-pays, sans
» bien et sans autre ressource que leur industrie,
» viennent s'établir à Bordeaux après s'être assurés
» de beaucoup de commissions ; ils louent des maisons

(1) Arch. dép., Intendance, C. 1616.

» d'un prix considérable par la quantité de celliers
» qui en dépendent; et là, consultant plutôt leur
» intérêt personnel que celui de leurs commettants,
» ils ne cessent de demander des vins sans s'embar-
» rasser s'ils pourront trouver les moyens de s'en
» défaire; c'est aussi l'objet qui les occupe le moins :
» plus ils reçoivent de vins et plus ils perçoivent de
» droits de commission; plus ces vins séjournent dans
» leurs celliers, et plus ils en retirent de droits de
» magasinage qui se payent suivant le séjour que ces
» vins font dans leurs celliers. Indépendamment de
» cela, l'ouillage et le soutirage de ces vins leur
» produit un avantage très considérable : ils suppléent
» à la diminution occasionnée par ces deux opérations
» par des vins de bas prix qu'ils portent en compte à
» leurs commettants pour des vins de première qua-
» lité, ou si on les oblige à ouiller et entretenir ces
» vins de partie de ces mêmes vins, cette partie se
» met à part, au profit du commissionnaire, qui
» entretient le reste avec de petits vins.

» On ne finirait pas si on voulait entrer dans le
» détail de toutes les fraudes que pratiquent journelle-
» ment plusieurs de ces nouveaux commissionnaires.
» Il y en a plusieurs dont la probité a prescrit, et qui
» sçavent concilier ce qu'ils doivent aux intérêts de
» leurs commettants avec les privilèges de la ville
» qu'ils se font un devoir de respecter; qui, sans bri-
» guer et solliciter de nouvelles commissions, atten-
» dent tranquillement chez eux celles qu'on leur
» adresse, qu'ils remplissent avec autant d'équité que

» de désintéressement. Aussi ce n'est pas chez des
» commissionnaires de cette qualité que l'on trouve
» une grande quantité de vins étrangers aux approches
» du terme fatal (¹) fixé par les règlemens (²). »

(¹) Le 8 septembre.
(²) Arch. mun., C. *Vins,* IIII, 312, *Mémoire pour les sieurs maire et jurats de Bordeaux contre le sieur Laplace* (imprimé).

CHAPITRE VI

Les quantités de vins du haut-pays et du Languedoc qui descendaient annuellement à Bordeaux, vers le milieu du siècle dernier, durant la période réglementaire de décembre à septembre, étaient évaluées à quinze mille tonneaux environ. Un relevé, daté de 1754, en fournit comme suit le détail [1] :

PROVENANCE	PÉRIODE		TONNEAUX
Languedoc.	du 13 nov. [2] 1754 au 20 juillet 1755. .		3,659
Haut-pays.	du 28 déc. — au 18 août — . .		6,330
Quercy et Cahors.	du 31 déc. — au 18 juillet — . .		6,920

La plus grande partie de ces vins se vendait en moyenne de 30 à 40 écus le tonneau, pour ceux du

[1] Arch. mun., manusc., C. *Vins*.

[2] L'auteur du manuscrit commet vraisemblablement une erreur de plume en faisant commencer la période le 13 novembre, les vins de cette catégorie ne pouvant arriver à Bordeaux avant la Noël. D'ailleurs, les dates qui suivent partent après le 25 décembre.

haut-pays, de 40 à 50, pour les Béziers et Frontignan, et de 50 à 60 pour les « vins noirs » de Cahors. Ils s'expédiaient presque tous en Hollande à ce moment, les blancs comme les rouges, à l'exception de quelques cargaisons pour la Bretagne.

« On peut ajouter, dit la note qui fournit ces détails, » qu'une partie des vins de Cahors arrive à Bordeaux » en fraude et qu'il s'en consomme à couper des vins » du Bordelais. »

L'écoulement facile que trouvaient ces vins en passant par les mains du commerce *chartronnais,* avait poussé les viticulteurs du haut-pays à augmenter leurs plantations de vignes.

La statistique suivante, datée de 1754, en donnera une idée :

État des vins du Quercy descendus à Bordeaux
en différents temps [1].

ANNÉES	TONNEAUX	TOTAL	MOYENNE des 3 années
1712	340		
1713	559	1,374 ton.	458 ton.
1714	475		
1720	243		
1721	1,047	2,714 ton.	905 ton.
1722	1,424		
1730	899		
1731	1,485	3,346 ton.	1,115 ton.
1732	962		
1737	1,598		
1738	2,497	7,227 ton.	2,409 ton.
1739	3,132		

[1] Arch. mun., manusc., C. *Vins.*

Depuis l'arrêt de 1741 ([1]).

ANNÉES	TONNEAUX	TOTAL	MOYENNE des 3 années
1743	5,133		
1744	2,262	10,396 ton.	3,465 ton.
1745	3,001		
1749	1,281		
1750	4,056	11,630 ton.	3,876 ton.
1751	6,293		
1752	6,901		
1753	6,271	20,089 ton.	6,696 ton.
1754	6,917		

L'entrée et la sortie de ces vins étaient soigneusement contrôlées.

.A l'expiration du délai de séjour, c'est-à-dire dès le 9 septembre, les jurats procédaient ou faisaient procéder, par un commissaire délégué, à la visite des chais, en compagnie des jaugeurs ([2]). On y saisissait tout ce qui restait de vins du haut-pays ou du Languedoc.

En 1756, un nommé La Place, voulant éviter une saisie de vins de ces contrées, les fit transvaser dans des barriques bordelaises et transporter par bateau en Paludate. Mais il ne put échapper à la surveillance

([1]) Ainsi qu'il a été dit plus haut, cet arrêt prorogeait jusqu'au 8 septembre le séjour de ces vins dans les chais des Chartrons; jusque-là, ils n'avaient pu y rester après le mois de mai.

([2]) « Les jaugeurs sont officiers qui tiennent la jauge des barriques et » des autres choses sujettes à ladicte jauge, et marchent avec Messieurs les » jurats, ou avec le commissaire de police pour jauger les barriques de » Bourdelois, qui doivent être différentes des autres où l'on met les vins » qui ne sont du cru de Bourdelois, lesquels vins, si l'on entonnoit en » barriques de Bourdelois, seraient sujets à confiscation. » *(Chron. Bourd.,* J. Darnal, 1666, p. 36.)

administrative, car un jurat arrêta l'envoi. « La Place,
» dit le mémoire qui l'accuse, employa les deux nuits
» du dimanche et de la fête de la Nativité, où toute
» œuvre servile est sévèrement défendue, à faire trans-
» vaser en futailles de jauge bordelaise une quantité
» considérable de vins du Querci (¹). » Et comme il
fit de l'opposition aux décisions des jurats, on employa
envers lui les mesures de rigueur. Ses barriques furent
défoncées et le vin qu'elles contenaient jeté dans la
rivière; on brûla ensuite les fûts sur le pont des
Archers du Guet.

Les jurats pouvaient ordonner, conformément à
d'anciens règlements non abrogés, que cette opération
serait faite par l'Exécuteur de la haute justice; ils
pensèrent qu'une pareille condamnation serait flé-
trissante pour La Place et passèrent outre; mais ils lui
appliquèrent une amende de dix mille livres. Pour le
même délit, un arrêt du Parlement de 1597 élevait
jusqu'à 30,000 livres le chiffre de l'amende.

(¹) Arch. mun., C. *Vins,* IIII, 312, *Mémoire pour les sieurs maire et jurats de Bordeaux contre le sieur Laplace.*

CHAPITRE VII

On a pu voir, par tout ce qui précède, que le *privi-lège des vins,* dont les Bordelais jouirent pendant des siècles, n'était pas un vain mot. Un moment, il faillit leur échapper, sous le ministère de Turgot. Comme un prélude des libertés qui allaient bientôt s'imposer, un édit de Louis XVI, du mois d'avril 1776, permettait non seulement la libre circulation des vins étrangers dans le port de Bordeaux, sans distinction d'époque, mais autorisait leur emmagasinage dans la ville, ainsi que leur vente dans les cabarets (¹). Il était également

---

(¹) « Un nouveau bienfait, dit Henri Martin dans son *Histoire de France,*
» répandit l'allégresse dans des provinces entières. Un édit d'avril 1776 fit
» pour les vins ce que l'édit de septembre 1775 et les édits complémentaires
» avaient fait pour les blés. La circulation et le commerce des vins furent
» déclarés libres par tout le royaume, en acquittant les droits d'octroi ou
» autres : tous les droits n'étaient pas supprimés, mais toutes les prohibi-
» tions l'étaient. Les douanes intérieures se trouvaient ainsi abolies pour

permis d'employer pour toutes sortes de vins la barrique bordelaise jusque-là exclusivement affectée au logement des vins du Bordelais. C'était l'abolition pure et simple du *privilège des vins*.

On comprend qu'un pareil bouleversement de choses si avantageuses aux Bordelais dut causer une vive émotion parmi eux. Il n'en fallait pas autant pour stimuler le zèle des jurats, toujours ardents à la défense des intérêts de la Ville; aussi ne tardèrent-ils pas à présenter une requête au roi demandant le retrait de cet · édit, sans quoi, disaient-ils, « le prix du vin, qui est » déjà très bas dans la ville de Bordeaux, attendu la » quantité qu'on y recueille, tombera encore, au point » de ne pas procurer le remboursement des frais de » culture (¹). »

Leur démarche fut couronnée de succès. Vers la fin de la même année — Turgot n'était plus au pouvoir — le roi rendit une ordonnance favorable.

Le 12 octobre 1785, les effets de cette ordonnance furent maintenus pour une durée de neuf ans, terme que les événements devaient faire expirer avant l'heure et, cette fois, sans espoir de retour. En effet, le 4 août 1789, l'Assemblée nationale décrétait la suppression de tous les privilèges des villes.

» les deux grandes productions de notre sol, et, avec les douanes royales,
» ces barrières municipales ou seigneuriales dont le moyen âge avait
» hérissé la France. Les aristocraties municipales de Bordeaux et de
» Marseille, par exemple, ne pouvaient plus fermer la mer aux vins de la
» Haute-Guienne, du Languedoc, de la Provence et du Dauphiné, dans
» l'intérêt exclusif du territoire des deux grandes villes. Turgot réalisait
» ce qu'avait souhaité et ce que n'avait pu faire celui de ses devanciers
» qu'on affectait de lui opposer, le grand Colbert. » (T. XVI, p. 375, 4ᵉ édit.)
(¹) *Livre des Privilèges,* p. 667.

Mais longtemps encore ces coutumes invétérées firent sentir les effets de leur puissance aussi ancienne que respectée, et il fallut que l'Assemblée générale du département de la Gironde invitât, dans sa séance du 10 décembre 1790, la municipalité bordelaise à faire une proclamation pour lever tout doute à l'endroit de la suppression du *privilège des vins,* car nombre de propriétaires de vignobles « non habitants ni bourgeois » de Bordeaux » hésitaient encore à ce moment à envoyer leur vins dans cette ville.

Voici le texte de cette proclamation :

« LIBRE ENTRÉE DES VINS A BORDEAUX

» RECUEILLIS DANS TOUT LE ROYAUME

» *Copie de l'extrait du procès-verbal de l'Assemblée géné-*
» *rale du département de la Gironde, du 10 décembre*
» *1790, au matin.*

» Monsieur le Procureur-général-syndic a fait lecture
» des observations de la municipalité de Bordeaux sur
» la motion de M. Chéri et l'amendement de M. Ezemar
» relativement à la libre entrée à Bordeaux des vins
» recueillis dans tout le royaume.

» Sur quoi l'Assemblée générale, en applaudissant
» au respect des officiers municipaux pour les décrets
» de l'Assemblée nationale, et aux principes qui sont
» développés dans leurs observations, a arrêté qu'il
» sera nommé des commissaires du département pour
» former très incessamment un bureau auquel seront
» appelés des commissaires du district de Bordeaux et

» de la municipalité, afin d'examiner le plan proposé
» par la municipalité pour le nouveau mode de la per-
» ception des octrois de la ville; et MM. Peychaud et
» Guadet ont été nommés commissaires.

» Ensuite M. Bonac a demandé que la motion de
» M. Chéry fût lue, et qu'il y fût délibéré.

» Cette lecture faite et la motion ayant été discutée,
» l'Assemblée générale, instruite que les propriétaires
» des vins, qui ne sont point habitans de Bordeaux,
» malgré la disposition expresse des décrets de l'As-
» semblée, du 4 août 1789, qui supprime tous les
» privilèges des villes et habitans des villes, paroissent
» douter encore qu'il leur soit permis de porter leurs
» vins dans cette ville, ou de les déposer dans tel lieu
» de ladite ville ou de ses fauxbourgs qu'ils jugeroient
» à propos, a arrêté que la municipalité de Bordeaux
» sera invitée à publier incessamment une procla-
» mation qui fasse cesser à cet égard tous les doutes
» desdits propriétaires, quelle que soit la partie du
» royaume qu'ils habitent, et où ils aient recueilli leurs
» vins, et qui leur assure que l'entrée desdits vins
» dans la ville et ses fauxbourgs leur est permise, à la
» charge par eux de se conformer aux règlemens qui
» ont lieu encore à l'égard des habitans et ci-devant
» bourgeois; en conséquence, de faire au bureau de la
» Maison Commune la déclaration du vin qu'ils vou-
» dront faire entrer, et du lieu où ils se proposent de
» le déposer, pour en payer ensuite les droits d'octroi,
» ainsi et de la même manière qu'ils sont payés encore
» par les habitans et ci-devant bourgeois.

» *Du même jour, après midi.* Un des messieurs a
» observé que pour réunir plus de lumières dans un
» objet aussi important que la fixation du taux et de
» la forme de la perception des droits d'octroi de la
» ville, il seroit convenable d'adjoindre deux autres
» commissaires à ceux qui ont été nommés dans la
» première séance de ce jour; sur quoi l'Assemblée a
» arrêté qu'il sera nommé deux autres commissaires,
» et MM. Laffon et Comet ont été nommés.

» Fait à Bordeaux, dans l'Assemblée générale du
» département de la Gironde, le 10 décembre 1790.

» *Pour copie collationnée :*

» Signé : BUHAN, *secrét. gén.*

» *Certifié conforme à la copie envoyée*
  » *au Directoire du district :*   » *Pour copie :*
    » Signé : LAHARY, *secr.* » BASSETERRE, *secrétaire-greffier* (¹).»

Ainsi finissait le *privilège des vins,* qui avait si
longtemps favorisé l'écoulement des récoltes des Bordelais. En maintenant avec fermeté les règlements qui
en régissaient la pratique, les maires et les jurats de
Bordeaux, parfois traités de tyrans et de despotes par
ceux dont l'intérêt réclamait l'abaissement de cette
barrière protectrice des vins bordelais, n'ont pas peu
contribué à assurer à ces derniers la haute réputation
dont ils jouissent aujourd'hui.

(¹) *Libre entrée des vins à Bordeaux recueillis dans tout le royaume*
(imprimé, « prix : deux sols », bibl. de l'auteur).

APPENDICE

LE BAN DES VENDANGES

DATE DU COMMENCEMENT DES VENDANGES

pendant 49 années

aux XVI⁰, XVII⁰ et XVIII⁰ siècles.

———

Les vendanges ne commençaient pas avant que la grande cloche de l'Hôtel de Ville n'en eût donné le signal.

Au préalable, les vignes étaient visitées par des délégués de la Ville, nommés chaque année, et sur le rapport desquels l'administration fixait le jour du commencement de la grande opération.

Le 2 septembre 1525, les jurats députent le sieur Ariste, du quartier Saint-Julien, qui devra faire visiter leurs vignes, situées du côté de Saint-Michel et de Sainte-Eulalie, et le sieur Menon, pour procéder à la même visite du côté de Saint-Remi ([1]).

Le 30 août 1559, sont délégués pour examiner les

([1]) Arch. mun., *Inventaire*, 1751.

vignes : Gaillard de Cor et Rollet Ferran, du quartier
de Saint-Michel; Héliot de Lavaux et Ramond Duprat, de
Sainte-Eulalie; Jean Guilhem et Nicon Dupreuilla, dit
Jambe-de-Bois, de « Saint-Mexans et Porte-Dijeaux ».
Leur rapport, présenté trois jours après en jurade,
mentionne la visite qu'ils ont faite à « Saint-Laurens,
» Brana, Campeyran de Cantegrie, Saint-Genès, Bar-
» reyre, Gratecap jusqu'à Salenave, Pont-Long, Artigue
» vieille, Maurian, Pitre-Dumons, Larabeyre, Picheloup
» et Le Bouscat. » Ils ont trouvé les raisins mûrs; en
sorte que, ajoutent-ils, si la chaleur continue sans
pluie, la vendange perdra; que, cependant, on ferait
bien d'attendre jusqu'au 15 du mois, parce que si on
doit avoir de la pluie, elle tombera le premier mercredi
de la nouvelle lune et le cinquième jour suivant. Ce
rapport entendu, les jurats décident, le 9 septembre,
que la permission de vendanger est accordée, et
ordonnent sa publication à son de trompe et cri
public du haut des grandes tours de la Ville (¹).

On voit qu'il n'est pas question, dans cet ordre, de
la grande cloche dont on se servait habituellement
pour le ban des vendanges. C'est que, pendant les
dures représailles exercées contre les Bordelais, en
1548, par le connétable de France, Anne de Mont-
morency, à la suite de leur révolte provoquée par
l'application, en Guienne, de la gabelle ou impôt
sur le sel, les cloches avaient été supprimées non
seulement de l'Hôtel de Ville, mais encore des diverses
églises.

(¹) Arch. mun., *Inventaire,* 1751.

Le ban des vendanges dut donc être fait « à son de trompe et cri public » jusqu'au jour du rétablissement de la grande cloche, accordé aux Bordelais en 1561 par le roi Charles IX (¹).

Le registre de la Jurade de 1717 porte la délibéra-'tion suivante : « Du samedy, 2 octobre 1717. — A été » délibéré que la grande cloche de l'Hôtel de Ville » sonneroit lundy prochain, quatre du présent mois, » depuis les neuf heures du matin jusqu'à dix, et à » une heure de l'après-midy jusqu'à deux heures, » pour indire la permission de vendanger dans les » terres dépendantes de la Ville, conformément à » l'usage. »

En dehors de la permission des vendanges générales, il était délivré parfois une autorisation spéciale aux propriétaires dont la situation des vignobles ou la nature de leurs cépages occasionnait une maturité précoce. Le 2 octobre 1749, le sieur Jean-Baptiste Laliman est autorisé à commencer la cueillette « à cause du cas pressant où se trouve sa vendange » (²).

Le 30 septembre 1620, un bourgeois ayant fait vendanger, à Pessac, avant l'époque fixée par l'administration, fut condamné à donner une pipe de vin. Le capitaine du Guet alla la chercher et la fit livrer à l'hôpital (³).

(¹) La *Chronique Bourdeloise* mentionne ces faits, pages 29 et 31 v°, et le *Livre des Privilèges* donne en entier les lettres-patentes de Charles IX, relatives à la cloche de l'Hôtel de Ville de Bordeaux, p. 303, n° XXIII.

(²) Arch. mun., *Inventaire,* 1751.

(³) *Continuation à la Chron. Bourd.,* p. 1 v°.

Enfin, voici les dates du ban des vendanges que nous avons pu recueillir (¹) :

1532	22 septembre.		1748	1er octobre.	
1533	30 —		1749	6 —	
1534	19 —		1750	30 septembre.	
1554	20 —		1751	11 octobre.	
1559	9 —		1752	9 —	
1603	26 —		1753	8 —	
1610	2 octobre.		1754	16 —	
1611	24 septembre.		1755	5 —	
1612	7 octobre.		1757	8 —	
1613	9 —		1759	27 septembre.	
1618	11 —		1760	25 —	
1620	13 —		1762	24 —	
1621	20 —		1763	8 octobre.	
1623	30 septembre.		1765	7 —	
1629	5 octobre.		1766	9 —	
1648	30 septembre.		1767	5 —	
1691	26 —		1768	30 septembre.	
1733	27 —		1769	2 octobre.	
1735	17 octobre.		1770	17 —	
1736	23 septembre.		1771	28 septembre.	
1737	20 —		1772	26 —	
1738	5 octobre.		1773	11 octobre.	
1741	19 septembre.		1782	8 —	
1746	5 octobre.		1788	16 septembre.	
1747	1er —				

(¹) Arch. mun., *Inventaire,* 1751, et *Registres de la Jurade.*

DES COURTIERS

Les courtiers de vins étaient nommés par le maire
et les jurats. Leur nombre, d'abord fixé à trente, fut
ensuite porté à quarante, puis à quarante-six.

Jusque vers la fin du dix-septième siècle, la qualité
de « bourgeois » était requise pour remplir les fonctions de courtier; mais, ensuite, il suffisait, pour
obtenir la charge, d'habiter la ville et d'être « gens de
bien, de bonne vie et honnête conversation » ([1]); de
savoir lire et écrire, et de posséder en ville des
immeubles pour une valeur minimum de cinq cents
livres bordelaises ou, à défaut, de verser cette somme
à titre de cautionnement.

Aux termes des statuts de la Ville, toute personne
faisant du courtage sans mandat légal était passible

([1]) *Anciens et nouveaux statuts de Bordeaux,* édit. Simon Boé, 1701,
p. 195, 196 et 197.

d'une amende de cinquante à cent livres tournois. Il était enjoint aux habitants de Bordeaux d'informer l'administration de toute infraction aux statuts qui parviendrait à leur connaissance. Les dénonciateurs recevaient le tiers de l'amende appliquée envers le contrevenant. Une ordonnance du 7 novembre 1699 fait « défense de faire le métier de courretier volant sur le port ». Une lettre adressée, vers 1763, à l'intendant de Guienne par un sieur Du Bosq, courtier, propose, afin de sauvegarder les droits de la corporation, de créer une charge de courtier en chef pour surveiller les agissements des courtiers non brevetés ([1]).

Tout courtier devait tenir très régulièrement un livre de ses marchés. Il ne pouvait traiter seul une affaire dont la valeur dépassait mille francs bordelais. Au-dessus de cette somme, il devait appeler un confrère pour concourir à la vente, sous peine d'être suspendu de ses fonctions pendant un certain temps et d'amende. En cas de récidive, sa charge pouvait lui être supprimée.

Les marchands étrangers qui venaient s'approvisionner de vins dans le Bordelais devaient être accompagnés d'un courtier et munis d'une autorisation spéciale délivrée par les jurats. La *Chronique Bourdeloise* dit : « Les corretiers furent créés prin- » cipalement pour conduire les Anglais en Graves » pour y gouster des vins, ne pouvant y aller seuls ([2]) ». Il est de fait que depuis le retour définitif du duché de

([1]) Arch. dép., *Intendance,* portefeuille C. 275.
([2]) *Chron. Bourd.,* J. Darnal, p. 38.

Guienne à la France, les Anglais, qui continuaient d'y venir pour l'achat des vins, étaient soumis à diverses formalités ayant pour but de contrôler leurs agissements dans le pays. Nombre de courtiers savaient parler l'anglais et leur servaient d'interprètes.

Le 20 février 1554, sort un arrêt « contre les Anglais » allant acheter vins aux champs, ne le peuvent faire » sans congé, ores qu'ils aient un courtier; mais les » bourgeois peuvent les mener goûter le vin de leur » cru seulement (1). »

Voici le sommaire du serment que prêtaient chaque année les courtiers de Bordeaux (2) :

« Les courtiers jureront chaque année :

» De ne rien faire de préjudiciable au roi et à la » Ville; de ne conduire les étrangers dans le pays » qu'après y avoir été autorisés; de ne mener les mar- » chands hors de la ville que pour goûter les vins » provenant des domaines des bourgeois bordelais; de » s'efforcer de faire vendre le mieux possible les vins » du pays, et surtout ceux des bourgeois; de ne perce- » voir, comme droit de courtage, que vingt-quatre sous » par tonneau de vin, ou deux deniers et maille par » livre de toute autre marchandise; de n'intervenir » dans aucune transaction frauduleuse; d'attendre que » les parties requièrent leur ministère; de mettre par » écrit tous les marchés qu'ils feront; de rendre » loyalement compte en justice des transactions aux-

(1) *Chron. Bourd.*, p. 70.
(2) *So es la forme deu segrament que deben far, cascun an, los corra-teys autramentz apperatz Abrocadors de la bille et ciutat de Bordeu.* (XVe siècle, *Livre des Bouillons.*)

» quelles ils auront pris part ; de bien remplir leur
» office ; et de dénoncer quiconque s'ingèrera dans les
» fonctions de courtier sans avoir prêté le serment et
» obtenu le brevet de rigueur. »

En 1414, il était défendu aux courtiers de demander
du vin « à l'épreuve » ([1]), sous peine d'être privés de
leurs offices et de « courir la ville », c'est-à-dire d'être
fustigés ([2]). La même année, la charge de courtier fut
accordée gratuitement, pour un an, à Pierre de
Vinhau, Amanieu Ayquem et autres : « et plus orde-
» nam que Pey deu Vinhau aya lettra de l'offici de
» Corrateria per ung an sens a res pagar, etc. ([3]). »

La liste la plus complète et la plus ancienne des
courtiers que nous ayons pu découvrir, remonte à la
deuxième partie du xviiie siècle.

*Liste des courtiers royaux de Bordeaux, Bourg,
Libourne, Blaye et Pays Bordelais, au nombre
de 42* ([4]) :

André BERLIQUET.	Rue Dieu.
Joseph LAFORE (et interprète	
des langues étrangères). .	**Aux Chartrons.**
Pierre MICHAELIS	Id.
Jean PEMERLE.	Id.
Bernard FITON	Id.
Jean BARBOTEAU	Id.

([1]) Sans doute à l'essai, à titre d'échantillon.

([2]) *Analyse des matières principales contenues,* etc. (Abbé Baurein,
manusc., 1761, Arch. mun.)

([3]) *Analyse des matières principales contenues,* etc. (Abbé Baurein,
manusc., 1761, Arch. mun.)

([4]) Biblioth. de la ville, *Étrennes Bordelaises* ou Calendrier, année
1772. Plusieurs de ces noms indiquent des courtiers maritimes ; de plus,
cette liste, qui annonce 42 courtiers, ne comprend que 36 noms.

Thomas Chicart	Aux Chartrons.
Jean-Bapt. Chevret	Au Chapeau-Rouge.
Pierre Batailley	Aux Chartrons.
Anne Parrot	Id.
S. Géraud	A Libourne.
B. Monstey	Aux Chartrons.
Pierre Lalanne	Id.
Jean Jude	Sur la rivière, près la Halle.
L.-H. Beau	Aux Chartrons.
Jacques Imbert	Id.
Pierre Sauvage	Id.
Louis Chicou	Rue des Faussets.
J.-G. Libéral	Saint-Michel.
A. Abiet aîné	Aux Chartrons.
Jean Delmestre	Au Chapeau-Rouge.
Pierre Castanié	Rue Royale.
Thomas Pichard	Aux Chartrons.
Pierre Ferrière	Id.
J.-E. Roger	Id.
L. Ménard	Place Royale.
N. Aubert	Aux Chartrons.
Jean Valleit	Id.
J. Antichan	Id.
Joseph Segonzac	Id.
J. Guimonnet	Rue des Bahutiers.
Arnaud Abiet	Aux Chartrons.
Pierre Sandré	Près Saint-Pierre.
Danville	Au pont Saint-Jean.
Duboscq (1)	Aux Chartrons.
Soular	Id.

(1) On trouve aux Archives départementales un mémoire de l'époque, adressé à l'Intendant par un « sieur Du Bosq », demandant, pour sauvegarder les droits du corps des courtiers établi par l'édit de 1761 contre les courtiers « non pourvus », c'est-à-dire non brevetés, la création d'une charge de courtier en chef, dont le traitement, en sus des grades et privilèges accordés aux courtiers, serait de dix mille francs.

Cette proposition fut rejetée parce qu'elle grevait le commerce d'une dépense nouvelle. (Arch. dép., *Intendance,* portefeuille C. 275.)

DES TAVERNIERS

———

Les taverniers étaient préposés à la vente du vin
chez les propriétaires habitant Bordeaux qui voulaient
vendre partie ou totalité de leur récolte, ainsi que
dans des tavernes spéciales et pour leur propre
compte. De soixante-quinze qu'ils étaient au début
de l'institution, leur nombre s'élevait à six cent vingt
vers la fin du xviie siècle [1].

Les rangs de la corporation ne s'ouvraient pas au
premier venu. Pour être tavernier, il fallait justifier
d'une bonne conduite, n'être « malade d'aucune
maladie contagieuse [2] », et payer annuellement à
la Ville « vingt sols bourdelois ».

« Les taverniers sont officiers de la Ville, dit la

[1] *Anciens et nouveaux statuts de Bordeaux,* édition S. Boé, 1701,
p. 178.
[2] *Anciens et nouveaux statuts de Bordeaux,* édition S. Boé, 1701,
p. 179.

» *Chronique Bourdeloise,* destinés pour mesurer le
» vin de ceux qui en débitent en taverne à pot et à
» pinte. Ils crient le dit vin par la Ville, le percent,
» et sont assidus pour le tirer et vendre à tous sur-
» venans, et ont leurs lois et statuts qu'ils sont tenus
» d'observer ([1]). »

Il était défendu aux taverniers de vendre des « vins
prohibés », c'est-à-dire n'appartenant pas à des bourgeois ou habitants de la Ville. Ils ne devaient pas
mêler des vins vieux avec des vins nouveaux, et, à
plus forte raison, y ajouter de l'eau, ni aucune
substance nuisible à la santé. Le fût entamé était
complètement vidé avant de passer à un autre.

Les taverniers ne pouvaient « crier » ou qualifier
un vin d'une qualité autre que celle qu'ils vendaient,
« ni meilleur ni pire », sous peine de perdre le vin,
quand la vente se faisait pour leur compte, et de courir
la Ville pour annoncer la fausseté de leur publication.

La police de l'intérieur des tavernes était soumise
à une réglementation qui défendait aux taverniers
de « tenir et souffrir aucuns jeux de cartes, rampeaux
» et autres prohihez, ni gens blasphémateurs, querel-
» leux et suspects vagabons »; de recevoir des gens
mariés « qui délaissent leurs femmes, enfants et
» famille en voye de mandier »; de tenir taverne
ouverte avec gens attablés « après la cloche de la
» retraite sonnée » ([2]).

Chaque année les taverniers prêtaient serment, en

([1]) *Chron. Bourd.,* J. Darnal, 1666, p. 38.
([2]) *Anciens et nouveaux statuts de Bordeaux,* édition S. Boé, 1701,
p. 178 à 182.

jurade, de se conformer aux règlements qui régissaient leur corporation.

Voici le sommaire de la formule de ce serment (¹) :

« Les taverniers jureront chaque année :

» D'obéir aux maire, sous-maire et jurats; de ne
» rien faire de préjudiciable aux intérêts de la ville; de
» ne prendre d'autres vins que ceux des bourgeois,
» tant qu'il en restera; de ne vendre, pendant toute
» l'année, que les vins des bourgeois et des habitants
» de la ville; de ne pas s'établir de trois jours auprès
» des bourgeois qui commenceront à vendre leur vin
» en taverne; de fournir tout ce qu'il faut aux proprié-
» taires pour vendre leur vin et de leur rendre autant
» de francs par tonneau que le carton de vin se vendra
» de deniers; de s'efforcer de vendre le mieux possible
» les vins des Bordelais; de ne tenir que de bonnes
» marchandises; de n'exiger, pour salaire, que quinze
» ou vingt sous par tonneau, selon la qualité des vins;
» et de faire bonne mesure tant aux vendeurs qu'aux
» acheteurs. »

On retrouve des traces d'infraction aux règlements. A la suite de fraudes surprises par l'administration, les taverniers furent mandés à l'Hôtel de Ville le 25 mai 1415, où il leur fut défendu, sous peine d'être mis au pilori et bannis de la ville, de vendre d'autres vins que ceux des bourgeois et habitants (²).

(¹) *So es la forme deu segrament que d.ben far cascun an los taverneys de la deyte bille et ciutat : Prumeyrament, jureran, etc.* (XVᵉ siècle, *Livre des Bouillons.*)

(²) *Analyse des matières principales contenues dans un ancien registre des délibérations prises dans l'Hôtel de Ville de Bordeaux,* 1414 à 1416. (Abbé Baurein, manusc., 1761, Arch. mun.)

Le prix du vin vendu en taverne fut quelquefois
taxé. C'est ainsi qu'en 1414, les jurats, assemblés à
Saint-Rémi, dans la chapelle Saint-Laurent, ordon-
nèrent de ne pas vendre le vin en taverne au-dessous
de douze deniers le quarton ou pot (¹).

Le droit perçu sur les vins vendus en taverne était,
à plusieurs reprises, mis en adjudication. En 1414, un
quartier du *droit de taverne* s'élevait à la somme de
1,224 livres 13 sols 1 denier. En 1584, le « droict
» des tavernes et eschatz qui se vend aux Chartreux »
est adjugé pour 40 écus au sieur Tessier; puis le
« droict des tavernes et eschatz du vin qui se vend en
» ceste ville, comprins les hostelleries et couscheries, »
est adjugé à Duvergier pour la somme de 1,396 escuz
sol (²).

(¹) *Analyse des matières principales contenues dans un ancien
registre des délibérations prises dans l'Hôtel de Ville de Bordeaux,
1414 à 1416.* (Abbé Baurein, manusc., 1761, Arch. mun.)
(²) *Rôle des revenus que la maison commune de Bordeaux a affer-
més. (Arch. hist. de la Gironde, t. XIX.)*

PRIX PAYÉS OU FIXÉS POUR DES VINS

DU BORDELAIS

du XIIIe au XVIIIe siècle

et Classification au XVIIIe siècle [1].

———

1224. — Ordre donné par Henri III, roi d'Angleterre, à l'évêque de Londres, pour l'achat de 100 barriques de vin à raison de 40 sous l'une [2].

1224. — Ordre donné à des officiers royaux de faire compter 26 livres 5 sous à Guilhaume Arthur et

[1] Il n'est pas sans intérêt de reproduire ici le tableau de la *valeur des monnoyes anciennes usitées en Bourdelois,* établi par arrêt de la Cour du Parlement, d'après le *Livre des statuts de Bordeaux,* (édit. Simon Boé, 1701, p. 642.)

    Le franc bourdelois vaut 15 sols tournois.
    La livre bourdeloise — 12 sols tournois.
    Le sol bourdelois — 7 deniers et quelque pite.
    Le sterlin d'or — 9 livres 13 sols 4 deniers.
    Le sol sterlin — 10 sols.
    Le denier sterlin — 10 deniers.
    Le denier bourdelois — la moitié d'un denier.

[2] Cette note, ainsi que les quatre qui suivent, 1224 et 1243, ont été puisées dans les *Rôles Gascons* au « Record Office de Londres » où se trouvent un grand nombre de documents concernant l'histoire du duché de Guienne sous la domination anglaise. (Voir *Histoire du Commerce et de la Navigation à Bordeaux,* par Francisque Michel. t. I, p. 43 et 44.)

Arnaud, de Bordeaux, pour 15 barriques de vin à raison de 35 sous l'une.

1224. — Payé à Étienne, de Bordeaux, et à Guilhem Columb : à l'un, 56 livres 15 sous pour 38 barriques de vin; à l'autre, 43 livres 15 sous pour 25 barriques.

1224. — Semirette et Galhard, de Bordeaux, vendent leur vin 33 sous la barrique.

« Semirettus de Burdigala » était créancier de Henri III, roi d'Angleterre, pour 39 livres 2 sous, prix de 23 barriques de vin; « Galhardus de Burdigala » pour 28 livres, prix de 16 barriques; « Reimundus de Grava » pour 17 livres et demie, représentant sept barriques.

Un autre ordre de paiement, en faveur de Pierre Buzun, de Bordeaux, porte le vin à lui acheté à 62 livres, pour 35 barriques, au prix de 36 sous chacune. Ce Pierre Buzun, ainsi que Gérard Columb et Cie, Arnaud Jean, Bonefoux et Pierre Simon, ses confrères, figurent dans plusieurs autres endroits du volume auquel a été emprunté ce qui précède. Dans le second, le nom de Pierre Simon reparaît sur un mandat de paiement de la somme de 175 livres, délivré en faveur de sept marchands de Bordeaux : Thibaut de Bristol, Arnaud de Fontibus, Pierre Simon, Walter d'Auge, Fortain de Noelain, Robert Flegard et Jean Perker, pour 100 barriques de vin à raison de 35 sous l'une.

1243. — Somme de 270 livres sterling destinée à payer 302 barriques de vin à Pierre et Arnaud Calhau, bourgeois de Bordeaux.

1406. — La Ville paie 14 francs une pipe de vin « pour les élections municipales » (¹). Il était d'usage, lors des élections, de faire ce qu'on appelait le « repas de l'élection », et pour lequel la quantité de vin était fixée par délibération de la jurade. C'est ainsi que le 21 juillet 1526 et le 20 juillet 1527 on l'établit à trois tonneaux (²).

1415. — La Ville achète des vins, pour les envoyer au roi, au prix de 19 francs le tonneau (³).

Même siècle, sans date. — Parmi les créances indiquées dans son testament par Catherine de Canteloup, veuve de Bertrand de Gères, figurent les suivantes : Jean Dauros, de Carignan, ayant donné une barrique de vin pour 4 francs à valoir sur une dette de 8 francs ; Hébot, de l'Isle-Saint-Georges, doit 5 francs pour une barrique de vin à lui vendue (⁴).

1563. — Obligation de 60 livres tournois pour la vente de deux tonneaux vin blanc et clairet (*claret*), et de 200 francs bordelais pour cinq tonneaux de vin blanc « dont n'en y a que troys barricques de clairet » (⁵).

(¹) Registre de la Jurade, séance du 11 août 1406.
(²) Arch. mun., manusc., *Inventaire*, 1751.
(³) Registres de la Jurade, 1415, fol. 97 rᵒ.
(⁴) *Arch. hist. de la Gironde*, t. I, p. 201.
(⁵) Minutes de Martin de Arfeulhe. — *Hist. du Com. et de la Navig.*, par Francisque Michel, t. I, p. 166.

1647. — « *Prix mis aux vins de la sénéchaussée
et pays Bordelois* (¹).

» Graves et Médoc.	(le tonneau)	26 écus à 100 livres.		
» Entre-deux-Mers	—	20	— à 25 écus.
» Côtes	—	24	— à 28 —
» Palus	—	30	— à 35 —
» Libourne, Fronsadais. . .	—	18	— à 22 —
» Guîtres et Coutras.	—	18	— à 22 —
» Bourg.	—	22	— à 26 —
» Blaye.	—	18	— à 24 —
» St-Macaire et la juridiction	—	24	— à 30 —
» Langon, Bommes et Sauternes.	—	28	— à 35 —
» Barsac, Preignac.	—	28	— à 100 livres.
» Pujols, Fargues.	—	28	— à 100 —
» Cérons et Podensac. . . .	—	24	— à 30 écus.
» Castres et Portets.	—	20	— à 25 —
» Saint-Émilion.	—	22	— à 26 —
» Castillon.	—	20	— à 22 —
» Rions et Cadillac.	—	24	— à 28 —
» Sainte-Croix-du-Mont. . .	—	24	— à 30 —
» Bénauges	—	18	— à 20 — »

1650. — Lettre du chevalier de Vivens au cardinal
de Mazarin : « L'armée navale est encore vers Blaie, qui
» a embarqué plus de quinze cents tonneaux de vin
» qu'on a pris ez maisons le long de la rivière, qui
» vallent cent trente-cinq mille livres (²). »

1725. — Au cours des « très humbles remontrances » qu'il adresse au roi, le 17 juillet de cette
année, le Parlement de Bordeaux classe, comme suit,
les vins bordelais :

« Tous les vins de cette province sont différens dans

(¹) *Almanach vinicole,* année 1870, p. 50.
(²) *Arch. hist. de la Gironde,* t. III, p. 372.

» la qualité et dans les prix. Il y en a certains que les
» Anglais appellent *Grands vins* et qu'ils achètent sous
» ce nom à un prix excessif; ces sortes de vins tien-
» nent un rang à part et ne doivent pas être confondus
» avec le reste des autres vins. Elles appartiennent à
» douze ou quinze particuliers, et ne font pas la deux
» centième partie des vins qui se chargent ou se
» convertissent en eau-de-vie. »

Les autres vins sont rangés en trois catégories :

« *Petits vins,* qui sont les plus abondants, et qui ne
se consomment que dans les années disetteuses.
Ordinairement on les convertit en eau-de-vie; *Vins
médiocres,* vendus de 18 à 30 écus le tonneau; *Bons
vins,* blancs ou rouges (des graves et de certaines
côtes), de 100 livres à 50 écus (¹). »

1767. — Cours des eaux-de-vie, du 22 janvier 1767 :
135 livres les 32 veltes (²).

1770. — « *État des paroisses d'où viennent les
vins de la sénéchaussée de Bordeaux et de leur
différence de prix* (³)

» VINS DE GRAVES

» Premiers crus.

Par tonneau.

» Pessac, où sont les crus de Pontac (⁴). . . . . 15 à 1,800 livres.
Nota. — Ces vins se sont vendus jusqu'à
2,500 livres le tonneau.
» Autres crus de la même paroisse. . . . . . . 8 à 1,200   —
» Mérignac. . . . . 4 à   800   —

(¹) *Remontrances du Parlement de Bordeaux,* etc. (Biblioth. de la
Ville, manusc., fonds Lamontaigne, C. I, pièce 6.)
(²) *Annonces et Affiches,* 1767 (Biblioth. de la Ville.)
(³) *Arch. mun.,* manusc., C. *Vins.*
(⁴) Haut-Brion.

» *Seconds crus.*

	Par tonneau.
» Talance, Loignan.	3 à 400 livres.
» Gradignan, Caudeyran.	2 à 300 —
» Bègle	200 —

» *Troisièmes crus.*

» Poudensac, Virelade, Portets, Castres, Arba-
nats, Beautiran, Martillac, Aygues-Mortes,
Ayran, Cadaujac, Bouscat, Canejan, Eysines. 150 livres.

» VINS DU MÉDOC

» *Premiers crus.*

» Pauillac, Margaux. . . . . 15 à 1,800 livres.
» Saint-Lambert, Cantenac, Saint-Seurin-de-
Cadourne, Saint-Julien. . . . . 8 à 1,200 —

» *Seconds crus.*

» Soussan, Labarde. . . . . 600 livres.
» Agassac . . . . 4 à 500 —
» Arsac, Arsins . . . . 400 —
» Listrac, Moulis, Saint-Laurent, Saint-Estèphe,
Le Pian, Macau, Ludon, Taillan. . . . . . 3 à 400 —

» *Troisièmes crus.*

» Les vins de troisièmes crus se vendent tous. . 120 à 150 livres.

» VINS APPELLÉS DE PALLUS

» *Premiers crus.*

» Queyries. . . . . 3 à 400 livres.
» Montferran, Lassouï, Ambès. . . . . 2 à 300 —

» *Seconds crus.*

» Fronsadais, Vayres, Quinsac, Isle-Saint-Geor-
ges, Cadaujac, Bègle, Palus de Bordeaux,
Parampuyre, Saint-Macaire, Macau, Ludon,
Lormond, Floirac, Cenon, Melac, Bouliac,
Artigues, Rouffiac, Latresne, Cenac, Haux,
Le Tourne, Quinsac, Camblanes, Baurech,
Cambes, Langoiran, Lestiac, Riom, Ca-
dillac, Bénauges. . . . . .150 à 200 livres.

» VINS BLANCS

» Barsac, Preignac, Langon, Sainte-Croix-du-
Mont, Sauternes, Céron, Bommes, Pujols,
Blanquefort . . . .   300 livres.
» Gradignan. . . . . 250 à 300   —
» Poudensac. . . . . 150 à 200   —
» Vingt paroisses dont les vins se vendent de 120 à 150   —
et trente-six dont les vins se convertissent
en eau-de-vie. Ces derniers sont les vins
appelés d'Entre-deux-Mers.

	» LIBOURNE	» SAINT-ÉMILION
» Castillon . . » Coutras . . . » Blaye . . . . » Bourg (¹) . . » Cubzagais . .	» Les vins de ces crus se chargent à Libourne et à Blaye.	» Ce vin se vend ordinairement à l'intérieur du royaume. »

(¹) A propos de classification, si nous en croyons Franck, dans son *Traité sur les vins* (édition de 1824), les vins du Bourgeais jouissaient d'une grande renommée un siècle avant la confection de cette liste, c'est à dire vers le milieu du XVII° siècle.

« Leur prééminence était telle, dit cet auteur, que celui qui était en » même temps propriétaire de vignobles dans le Bourgeais et dans le » Médoc ne vendait sa récolte de ce premier lieu qu'en imposant à » l'acheteur la condition expresse de le débarrasser de celle de ce pays » (le Médoc), dont les vins aujourd'hui sont si universellement estimés. »

Dans le même ordre d'idées, on peut remarquer aux faits divers cités plus loin, qu'au XVI° siècle, les vins dits *de Graves* étaient choisis de préférence par les magistrats municipaux, lorsqu'ils avaient à faire un cadeau au nom de la Ville.

EXPORTATION

ANNÉES 1739-1740

---

*État des vins de la sénéchaussée de Bordeaux qui
se chargent dans ce port, année commune ([1]), tant
pour les pays étrangers que pour les colonies françaises et pour les ports du royaume ([2]).*

Pour :

					Livres.
HOLLANDE......	7,000 tonn. vin blanc...à	120 livr. =	840,000
	1,500 —	— rouge....	280 —	420,000
	50 —	grands vins..	1,000 —	50,000
HAMBOURG......	5,000 —	vin blanc....	150 —	750,000
	300 —	— rouge....	275 —	82,500
	50 —	— rouge....	450 —	22,500
SUÈDE.........	800 —	— blanc....	160 —	128,000
	100 —	— rouge....	450 —	45,000
RIGA..........	300 —	— blanc....	300 —	90,000
DANTZIG	5,000 —	— blanc....	200 —	1,000,000
KŒNIGSBERG ...	500 —	— blanc....	150 —	75,000

A reporter......... Livres 3,503,000

[1] Année moyenne.
[2] Arch. mun., manusc., 1739-1740, C. *Vins.*

			Report......	Livres	3,503,000
DANEMARCK.....	3,000 tonn.	vin blanc....	150 —		450,000
	300 —	— rouge....	300 —		90,000
POMMERANIE....	1,200 —	— blanc....	150 —		180,000
	200 —	— rouge....	200 —		40,000
LÜBECK	3,000 —	— blanc....	100 —		300,000
	200 —	— rouge....	200 —		40,000
BRÉMEN........	1,000 —	— blanc....	100 —		100,000
ST-PÉTERSBOURG	600 —	— blanc....	120 —		72,000
	120 —	— rouge....	200 —		24,000
ESPAGNE	4,000 —	— blanc....	120 —		480,000
LONDRES.......	300 —	grands vins..	1,500 —		450,000
	700 —	vins	800 —		560,000
ÉCOSSE........	2,500 —	—	600 —		1,500,000
IRLANDE........	4,000 —	—	400 —		1,600,000

Montant des vins pour l'étranger...... Livres 9,389,000

Les ILES (¹).	20,000 tonn. ....à	200 livr. =	4,000,000
BRETAGNE .	20,000 — vins bl. et rouges	200 —	4,000,000
DUNKERQUE BOULOGNE . LE HAVRE . ROUEN	6,000 — —	250 —	1,500,000

Soit 87,720 tonneaux évalués à........ Livres 18,889,000

État des vins de Languedoc, Lhermitage, Quercy, Cahors, haut-pays, descendus à Bordeaux du 1ᵉʳ octobre 1739 au 30 octobre 1740, et de leur évaluation.

Pour :

		Livres
COLONIES .	4,336 tonneaux de vin de Languedoc, Lhermitage, Quercy, Cahors et Montauban.....à 140 livres =	607,040
ÉTRANGER	1,430 tonneaux de vin de Languedoc, Lhermitage, Quercy, Cahors et Montauban.....à 140 —	200,200

A reporter..... Livres 807,240

(¹) Qu'on appelait « Iles d'Amérique ».

			Report. . . . . . Livres	807,240
Colonies.. 1,619 tonn.	(5,842 tonn. de			
Étranger. 4,223 —	haut-pays...à 120 livres =	701,040
Colonies.. 597 —	1,091 tonn. de Domme, Sainte-Foy, Montravel, Gensac,			
Étranger. 494 —	Pujols, etc...à 100 —	109,100
Soit 12,699 tonneaux évalués à......... Livres	1,617,380

« *Nota.* — Descendu en outre 522 tonneaux de vin
» muscat qu'on ne met pas au nombre du vin
» descendu, à cause de leur qualité différente. »

FAITS DIVERS

CONCERNANT LA VIGNE ET LE VIN

DANS LE BORDELAIS

du XIIe au XVIIIe siècle.

1127. — En ce temps, dit la *Chronique Bourde-loise*, les Piliers de Tutelle étaient environnés de vignes. (*Chron. Bourd.*, p. 8 v°.)

1289, 1er juin. — Le roi d'Angleterre, Édouard Ier, exempte les vins du prieuré des Templiers de Saint-Julien de divers droits de coutume. (*Arch. hist. de la Gir.*, t. II, p. 123 et 124.)

1289, 4 juin. — Par lettres du roi d'Angleterre, des terrains qui doivent être convertis en vignobles sont concédés à Edward de Pyncebeck, anglais, à Guillaume de Creyssan, Arnauld Vitalis Carpentarii, Pierre Ruffy, Jean Alfonse, Alphonse d'Espagne et Loup Alfonse, citoyens de Bordeaux. (*Arch. hist. de la Gir.*, t. XIX, p. 524.)

1290. — L'abbé de Bonlieu écrit au roi d'Angleterre pour obtenir que les vins de son abbaye continuent d'être exempts du droit de coutume, comme « touts jours d'avant le temps de la guerre ». (*Arch. hist. de la Gir.,* t. II, p. 308.)

1306. — Le pape Clément installe une maison de campagne à Pessac, près Bordeaux, « en laquelle il y » avait une vigne produisant excellent vin. » Il lègue cette vigne aux archevêques de Bordeaux ses successeurs. (*Chron. Bourd.,* p. 16 v°.)

1311. — Au cours de l'année 1311, ainsi que le constate un testament de Jean de Grelly par la perception du droit de péage, il passe devant la ville de Langon la quantité de 41,739 tonneaux de vin pour diverses destinations. (*Variétés Bordelaises,* réimpression, t. III, p. 223.)

1375. — Il est défendu aux portiers du château de l'Ombrière de vendre du vin de haut-pays « à broche » ni à taverne » dans l'enceinte du château, « comme » chose qui n'est honorable pour nous, dit Édouard, » roi d'Angleterre, ni profitable à la sauvegarde du dit » château. » (*Livre des Bouillons,* sommaire manuscrit, abbé Baurein, Arch. mun.)

1384, 18 janvier. — Le prince de Galles accorde certains privilèges aux vins de l'abbaye de Sainte-Croix de Bordeaux. (*Arch. hist. de la Gir.,* t. III, p. 60.)

1411. — Vers la fin de l'été, « la dissenterie et la
» peste furent si grandes en la ville de Bourdeaux
» et aux environs, qu'il y mourut plus de douze mille
» personnes; de façon qu'on ne pouvoit trouver ven-
» dangeurs. » (*Chron. Bourd.*, p. 23.)

1414. — En vertu d'une décision prise en jurade, le
26 mars, il est réglé que de cette date jusqu'à la Saint-
Michel (fin septembre) les vignerons ou manœuvres
(*los laboradores*) prendront, pour la première façon de
bêche (*a fudir, fouir*), 10 sous sterlins, et 9 pour la
deuxième (*a magescar,* façon du mois de mai).

On leur donnait aussi le vin.

L'année suivante, le prix de la journée, depuis la
Saint-Michel jusqu'à la Chandeleur (commencement de
février), était fixé à *cinq blanquets,* vin en sus.
(*Analyse des matières principales,* etc., abbé Baurein,
manusc., Arch. mun.)

A propos du prix payé pour les travaux de la vigne
et des vendanges, on trouve d'intéressants détails dans
les comptes de l'Archevêché, des XIIIe et XIVe siècles,
transcrits et annotés par M. Leo Drouyn. Ces comptes,
qui commencent avec la guerre de Cent ans, détaillent
tout au long les moindres dépenses faites dans les
domaines archiépiscopaux de Pessac et de Lormont,
Pessaco et Laureomonte (¹) :

Prix de journées d'hommes et de femmes employés

_____

(¹) Ou *Mont-des-Lauriers.* Dans un autre passage, il est question du
« désert de Lormont » *deserto Laureomontis,* où l'on a fait planter des
vignes. (Voir *Arch. hist. de la Gir.,* t. II, p. 321.)

aux travaux de plantation de vignes, des vendanges, etc. ; de réparations de vaisselle vinaire, « *baysselle vinarie necessarie pro vindemias* » ; de menues fournitures, telles que bondes, faussets, vimes, douelles, etc. C'est ainsi que nous savons que pour 7 journées d'homme il est payé 2 sous 1 denier, et 25 deniers pour 23 journées de femme.

L'archevêque avait également un chai, près de la ville, qui est désigné dans les comptes sous le nom de *chayo de Tropeyta* (¹).

Il est aussi une désignation intéressante faite dans les comptes, c'est celle des différentes catégories de vin qu'on élaborait dans les domaines archiépiscopaux : *vin rouge, vin clairet, vin blanc, vin lymphatique* ou *arrière-vin.* Les seconds vins, comme on le voit, ne sont pas une création récente, puisqu'ils étaient en usage au xiiiᵉ siècle. On faisait aussi du *vin bouilli*, du *vin blanc cuit* et des *piquettes.* En somme, point n'était besoin de recourir au dehors pour se procurer telle ou telle boisson provenant de la vigne, l'art œnologique mis en pratique chez Mᵍʳ l'Archevêque produisait tous les vins, depuis l'ordinaire jusqu'au vin de liqueur (²).

Une pipe de vin clairet vendue à un Anglais, du nom de Clopton, est portée dans ces comptes à 4 livres 3 sols 4 deniers (³).

(¹) Nom d'un bourg sur l'emplacement ou aux environs duquel fut construit plus tard le Château-Trompette.

(²) Voir *Arch. hist. de la Gir.*, t. II, p. 325 et 667.

(³) I *pipam vini clari venditi cuidam mercatori de Anglia, vocato Clopton*, iv *lib.* iii *s.* iv *d.* (Voir *Arch. hist. de la Gir.*, t. II, p. 328.)

1415. — Les « visiteurs de merrains » présentent une requête au sujet de fraudes qui se commettent par les tonneliers, qui emploient du mauvais bois pour les barriques. (*Analyse des matières principales,* etc., abbé Baurein, manusc., Arch. mun.)

Sans date. — L'office de « jaugeur des vins » dans Bordeaux et dans tout le duché de Guienne est accordé par Édouard, roi d'Angleterre, à Richard Sompter, pendant toute sa vie, pour services rendus au roi. (*L. des Bouillons,* sommaire man., abbé Baurein, Arch. mun.)

1453. — Après la reprise de Bordeaux par les Français, il est décidé que les Anglais qui viendront acheter des vins à la campagne seront accompagnés d'archers de la ville. (*Chron. Bourd.,* p. 26 v⁰.)

1526. — A l'occasion du passage des rois à Bordeaux, des libéralités étaient faites au peuple par la Ville. Le 3 avril 1526, un marché est conclu avec un industriel chargé de la confection d'un griffon, ou bouche de fontaine, « par lequel le vin devait être jeté. » (Arch. mun., C. *Invent.* 1751. *Passage des rois.*)

1526, 21 juillet. — Après délibération de la Jurade, il est décidé que trois tonneaux de vin seront donnés pour le repas des élections municipales. (Arch. mun., *Inventaire* de 1751.)

1527, 20 juillet. — Même délibération.

1543. — Jehan de Costa, directeur du Collège de Guienne, achète à Thomyon Faure 10 tonneaux de vin blanc « du creu de Guystres » et 5 tonneaux de clairet « du creu de la paroisse Saint-Martin-de-Fronsac », pour 240 fr. bordelais, soit à raison de 4 francs la barrique. (Arch. dép. de la Gironde, E : *Minutes de Fredaigne;* cit. par E. Gaullieur, *Histoire du Collège de Guyenne,* p. 173.)

1555. — Le maire de Bordeaux, se rendant à la Cour pour affaires publiques, reçoit vingt tonneaux de vin destiné à faire des présents aux seigneurs favorables à la Ville (*Supplément à la Chron. Bourd.,* p. 71.)

1556. — Vingt tonneaux de vin de Graves sont envoyés à la Cour pour être distribués au cardinal de Lorraine et au maréchal de Saint-André. (*Supplément à la Chron. Bourd.,* p. 73.)

1557. — Il est défendu de tenir cabaret dans Bordeaux, « ailleurs qu'en la rue du Petit-Judas, rue des » Faussets, porte des Paux et sous les aubans de » Saint-Michel ». (*Suppl. à la Chron. Bourd.,* p. 73 v°.)

1559. — Le duc d'Albe passant à Bordeaux, au mois d'octobre, vint entendre la messe dans la chapelle de la Maison de Ville. Il reçoit la visite des jurats, qui lui font présenter, au nom de la Ville, du vin, des confitures et des cierges. (*Supplément à la Chron. Bourd.,* p. 74 v°.)

1572. — M. Benoist, jurat de Bordeaux, et le Procureur de la Ville, revenant de la Cour où ils étaient allés pour affaires publiques, proposent d'envoyer 10 tonneaux de vins de Graves aux seigneurs qui les ont aidés dans leurs démarches (*Supplément à la Chron. Bourd.*, p. 80.)

1585, 8 août. — La Cour ordonne d'arracher les vignes depuis les fossés de la ville jusqu'à trois cents pas de distance. (Arch. mun., C. *Invent.* de 1751.)

1596, 15 janvier. — Pierre de Brach, jurat de Bordeaux, en mission à Paris, adresse à ses collègues une lettre dans laquelle il raconte les difficultés nombreuses qu'il a eu à surmonter pour faire entrer dans la capitale quelques tonneaux de vins expédiés de Bordeaux : « J'ay cent fois souhaité, dit-il que le vin » fust encores à la vigne, car je croy qu'à l'entrée d'un » roy à Paris il n'y auroit point plus de mistère que » pour y faire entrer du vin; il y a cinquante tenans, » aboutissans ou partprenans. » (*Arch. hist. de la Gir.*)

1601. — Le cardinal de Sourdis demande l'autorisation de faire entrer en ville sa vendange de la vigne de Pape-Clément avant l'époque de la « permission des vendanges ». (*Suppl. à la Chron. Bourd.*, p. 112.)

1615. — L'abondance du vin fut si grande à Bordeaux, « qu'on n'en y eut jamais tant. » (*Supplément à la Chron. Bourd.*, p. 166.)

1617, 23 août. — Un impôt est établi, au profit de l'hôpital Saint-André, sur le vinaigre qui se charge dans les ports de Bordeaux, Libourne, Blaye et Bourg. (Arch. mun., C. *Invent.* de 1751.)

1662. — Il est défendu de fabriquer de la bière, cette boisson étant susceptible de diminuer le débit du vin. (*Continuation à la Chron. Bourd.*, p. 95.)

1681, 3 juin. — « L'ambassadeur de Moscovie » arrive à Bordeaux, et les jurats, après lui avoir rendu les honneurs dus à son rang, lui font présent de quelques douzaines de bouteilles de vins fins, d'eau-de-vie, etc. (*Seconde Contin. à la Chron. Bourd.*, p. 72.)

1703. — Le 19 octobre, le duc d'Albe, ambassadeur d'Espagne, se rendant à Paris, s'arrêta à Bordeaux. MM. Ledoulx et Drouillard, jurats, allèrent le complimenter au nom de la Ville, et parmi les présents qu'ils lui offrirent, se trouvaient douze douzaines de bouteilles de vin. (*Arch. hist. de la Gir.*, t. XI.)

1715. — M. de Bitry, ingénieur en chef du château Trompette, propose d'utiliser les fossés qui entourent la ville et qui, ajoute-t-il, ne sont plus utiles, à faire des caves destinées à conserver les vins, et, au-dessus de ces caves, des magasins et des logements. (Bibliothèque de la Ville, manuscrits de l'Académie.)

Le même rapporte qu'étant un jour à table chez Mgr l'Archevêque, il y but un excellent vin du cru de

Beauséjour. L'archevêque lui dit que pour faire atteindre à ce vin la qualité qu'on lui reconnaissait, il l'avait confié à un navigateur de ses amis pour le faire voyager sur mer. (Bibliothèque de la Ville, manuscrits de l'Académie.)

1722, 17 novembre. — M. Smit est débouté de sa demande de faire entrer en ville son vin de Martillac, qui lui avait été retourné de Hollande. Il est décidé qu'à l'avenir, tout vin sorti de la sénéchaussée ne pourra entrer dans Bordeaux. (Arch. mun., manusc., C. *Vins.*)

1728, 13 juin. — Dans une lettre à M. Robert de Cotte, le duc d'Antin dit que « les Bourdelois aiment » mieux vendre leurs vins que de faire de beaux » édifices. » (*Arch. hist. de la Gir.*, t. I, p. 187.)

1740. — Des maisons de Bordeaux faisant le commerce des vins, et dont l'une d'elles subsiste en 1886, sont chargées, par des israélites allemands de Hambourg et d'Altona, d'acheter à des propriétaires bordelais des vins destinés à certaines pratiques de la religion juive.

Ce vin, appelé *Kasser,* devant être consacré, ne pouvait provenir de raïsins foulés par d'autres personnes que par des israélites. (*Histoire des Juifs à Bordeaux,* par Théophile Malvezin.)

Plus anciennement, les juifs portugais de Bordeaux avaient pour ainsi dire le monopole de l'achat des vins *Kassers*; mais peu à peu les juifs allemands du dehors confièrent à des coreligionnaires compatriotes, et même à des maisons chrétiennes, le soin de leur procurer ce vin.

En 1760, l'Intendance de Guienne fait dresser le « rôle des juifs tudesques établis à Bordeaux, avec les » observations sur leur façon de vivre et de se » comporter dans le commerce. » Et nous y voyons la note suivante :

« *Ephraïm*. — Celui-ci fait un commerce de vins » *Kassers* qui cause un préjudice considérable aux » juifs portugais qui, dans tous les tems, faisoient tous » ceux qui se chargeoient pour l'étranger; ils avoient » même étably une petite rétribution en faveur de » leurs pauvres sur chaque tonneau de vin de cette » espèce qu'ils chargeoient, et que le dit Ephraïm n'a » jamais payée. » (Arch. dép., *Intendance*, C. 275, Portefeuille.)

1756. — L'Académie de Bordeaux propose, pour le prix de l'année, le sujet suivant : Quelle est la meilleure manière de faire les vins, de les clarifier et de les conserver; et le moyen de les clarifier sans œufs, équivalent à celui des œufs ou meilleur? (Bibliothèque de la Ville, manuscrits de l'Académie.)

1754, 1757 et 1759. — L'Académie de Bordeaux propose, pour le prix de ces années, le sujet suivant : Quels sont les principes de la taille de la vigne par rapport à la différence des espèces de vignes et à la diversité des terrains? (Bibliothèque de la Ville, manuscrits de l'Académie.)

1772, 20 juin. — Il est dit dans un mémoire présenté par M. Péconet à M. Bertin, ministre, qu'on a planté, dans le Bordelais, tant de vignes, que les échalas d'aubier ne peuvent suffire, et qu'on a été obligé de faire usage de ceux de bois de pin. (*Arch. hist. de la Gir.*, t. I, p. 244.)

1783. — Le Champ de Synonymie de la vigne (auquel il est fait allusion dans l'*Avant-propos* de ce livre), situé entre la porte d'Aquitaine et celle des Capucins, est l'objet des soins de M. Dupré de Saint-Maur, intendant de Guienne. Une collection des cépages cultivés dans toute la Généralité y est réunie. Chaque juridiction ou subdélégation envoie la liste des siens, avec mention du terrain où ils sont plantés et de leurs produits.

La subdélégation de Libourne comptait 34 cépages rouges et 29 blancs; celle de Pauillac, 9 rouges et 4 blancs; la juridiction de Monségur, 18 rouges et 22 blancs; la subdélégation de Bazas, 52 rouges et 50 blancs. (Bibliothèque de la Ville, voir *Catalogue des manuscrits*, D. 561.)

TABLEAUX DE L'EXPLOITATION

de 5o journaux de vignes en palus et en graves
et de 100 journaux de vignes produisant des vins communs
dans le Bordelais, en 1725 (¹).

———

Les tableaux qu'on trouvera ci-après furent dressés à l'occasion des « très humbles et très respec-
tueuses remontrances » adressées au roi par le
Parlement de Bordeaux sur la déclaration du
25 juin 1725, qui portait établissement d'un droit
du *cinquantième des fruits* en espèces. Trois copies
en furent faites et adressées : l'une, à « Monsieur le
duc » (²), l'autre, au garde des sceaux, et la troisième,
au contrôleur général des finances.

Il n'est pas inutile de rappeler, à cause de la valeur
à donner aux chiffres contenus dans ces tableaux, que
l'époque à laquelle ils furent dressés faisait suite à

(¹) Bibliothèque de la Ville, manusc., fonds Lamontaigne, C. I, pièce 6.
(²) Ainsi désignait-on le duc de Bourbon-Condé, premier ministre.

une série d'années profondément troublées, au point
de vue économique, par les fluctuations fréquentes et
de grande importance de la valeur des billets de
banque et des espèces. C'est ainsi que pendant trois
ou quatre ans les propriétaires de vignobles avaient pu
retirer un gros revenu de leurs récoltes, par suite des
prix excessifs atteints par les choses nécessaires à la
vie, résultat de l'élévation du cours des monnaies, qui
avait dépassé de beaucoup leur valeur intrinsèque.
Aussi, nombre d'entre eux avaient-ils défriché toutes
sortes de terrains pour y planter de la vigne, en si
grande étendue, disent les remontrances, « que l'on
» peut dire que la quantité des nouvelles vignes
» surpasse presque les anciennes ».

Mais survint la dépréciation du taux des espèces,
ramenées à leur valeur intrinsèque, combinaison
nouvelle du Gouvernement pour sauver l'État de la
banqueroute que le « système de Law » cherchait
depuis longtemps à conjurer, et l'illusion disparut ; les
propriétaires comprirent qu'ils avaient, en augmen-
tant l'importance de leurs vignes, aggravé leur
situation au lieu de l'améliorer.

C'est à ce moment qu'est créé l'impôt du cinquantième sur le revenu, et que les tableaux ci-après
furent dressés.

Dans leurs remontrances, les membres du Parlement s'efforcent de faire entendre au roi combien
ce nouveau droit sera onéreux non seulement aux
propriétaires « qui ont besoin de bonnes années pour
» couvrir les années de disgrâce », mais encore au

trésor, parce que la production du vin, « denrée qui fait marcher les autres commerces », sera probablement délaissée, ce qui fera baisser le produit des droits perçus sur les autres transactions.

Mais le Parlement n'obtint pas gain de cause et dut ordonner, le 2 août suivant, la mise en application du *cinquantième du revenu des propriétés,* tout en décidant qu'il serait fait de nouvelles remontrances au roi. Enfin, cet impôt, converti en argent par déclaration du 21 juin 1726, fut supprimé le 7 juillet 1727.

Les documents qui suivent, dressés par les membres du Parlement, tous ou presque tous propriétaires de vignobles, peuvent être considérés comme exacts. Ils établissent ce que coûtait, en 1725, le travail de la vigne, tant dans les graves que dans les palus, les échalas, le vime, les vendanges, les barriques et le courtage; ils fixent au huitième environ de la récolte la dîme que recevait l'Église; puis le prix, par pièce, du brûlage des vins convertis en eaux-de-vie; enfin la valeur de ce dernier produit et le coût des droits d'entrée dont il était frappé.

Les résultats de l'exploitation que fournissent les tableaux suivants, sont établis dans l'hypothèse de la vente de la récolte immédiatement après les vendanges, c'est-à-dire avant que les vins n'aient consommé en chai par l'ouillage et les soutirages, et que leur prix ne se soit accru de l'intérêt de l'argent, autant de choses qui augmentent sensiblement le prix de revient du propriétaire.

« I. *État de ce que le Roi retirera par le* CINQUANTIÈME, *sur un Bien
de 50 journaux de vignes en* PALUS, *qui sont celles qui coûtent
le moins de frais, eu égard au vin qu'elles raportent par la
fertilité de leur terroir.*

» Travail à la main, à 30 livres par journal	1,500 liv.	» s.
» Échalats ou œuvres, 13 douzaines, à 8 livres. . .	1,040	»
» Frais des vendanges.	1,000	»
» Ozier, vîme et accomodage des vaisseaux-vin. . .	400	»
» 30 douzaines de barriques communes, à 90 livres	2,700	»
» Courtage de 90 tonneaux à 30 sols, et port à 20 s.	225	»
	6,865 liv.	» s.

» 50 journaux doivent rendre, en bonne année,
» 100 tonneaux de vin, dont il faut déduire la dîme
» à l'Église. . . . . 7 ton. 3 bar.
» Le cinquantième au Roi. 2
                                      ―――――――――
                                       9 ton. 3 bar.

» Il reste 90   1
» Lesquels vendus à 90 livres produisent. . . . . . 8,122 l. 10 s.
» Déduits les frais ci-dessus, reste au propriétaire . 1,257   10

» Le Roi a 2 tonneaux, à 90 livres. . . 180 livres.

» Sur ces 180 livres, il faut déduire :
» 8 barriques 60
» Courtage et port 5
                                     ―――――――
                                       65 livres.

» Reste pour le *cinquantième* . . . . 115 livres.

» Ce qui fait environ le dixième du revenu du
» propriétaire.

» Si ce bien paye un Droit de Champart (le quint),
» le propriétaire qui, dans ce cas, n'aura que 70 ton-
» neaux, n'en retirera que 85 livres pour tout revenu;
» ainsi une partie du cinquantième se lèvera sur le
» capital. »

« *II. État de ce que le Roi retirera par le* CINQUANTIÈME *sur
un Bien de* GRAVES, *dont le vin se vendroit à 150 livres
le tonneau.*

» 50 journaux doivent rendre environ 50 tonneaux
et coûtent les frais suivants :

» Travail à la main, à 36 livres le journal . . . . .   1,800 liv. » s.
» Échalats ou œuvres, 130 douzaines à 8 livres. . .   1,040   »
» Frais des vendanges.   1,000   »
» Ozier, vîme et accomodage des vaisseaux-vin. . .   400   »
» 15 douzaines de barriques fortes, à 110 livres . .   1,650   »
» Courtage et port.   112   10

                                                       6,002 l. 10 s.

» De 50 tonneaux, il faut en donner au curé,
» pour la dîme . . . .   3 ton. 3 bar. ¹/₂
» Au Roi pour le cinquantième. .   1

                                     5 ton. »

» Il reste au propriétaire. . . .   45   »
» Lesquels vendus à 150 livres produisent . . . . .   6,750 l.   » s.
» Reste net au propriétaire   747   10

» Le Roi a un tonneau . . . . . .   150 l.

» Sur quoi est à déduire 4 barriq.   36 l. 13 s. 4 d.
» Port et courtage   2   10

» Déduisant . . . .   39 l. 3 s. 4 d.

» Reste pour le *cinquantième.* . . . .   110 l. 16 s. 8 d.

» Ce qui fait environ le sixième du revenu du
» propriétaire.

» Si ce bien payait au Seigneur le *Quint,* ou Droit
» de Champart, il n'y auroit rien au propriétaire, et
» le cinquantième tomberoit sur les frais avancés. »

« *III. État de ce que produira au Roi un terrain de 100 journaux
de vignes, dont on est obligé de mettre le vin à l'eau-de-vie.*

» 100 journaux coûtent de façon, à 8 l. le journal.	800 l.	» s.
» Les frais de vendanges	400	»
» 22 pièces et demi, à 12 livres	270	»
» Brûlage, à 10 livres par pièce	225	»
» Port à la rivière et à Bordeaux	135	»
» Droits d'entrée, à 9 livres 8 sols par pièce	211	10

2,044 l. 10 s.

» Ce terrain doit rendre 50 tonneaux de vin, à
» 2 barriques par journal, dont à déduire pour la
» dîme . . . . 4 ton.
  » Pour le cinquantième . . . . 1 ton.

5 ton.

  » Reste 45
» A 8 barriques par pièce d'eau-de-vie font 22 pièces
  et demi, à 65 livres les 32 verges, produisent. . 2,193 l. 15 s.
» Déduits les frais ci-dessus 2,044   10

  » Reste au propriétaire . . . . 152 l.   5 s.

» Le Roi aura demi-pièce d'eau-de-vie. 48 l. 15 s.

» Frais de la demi-pièce . . . . 6 l. » s.
» Brûlage 5   »
» Port 3   »
» Droit d'entrée 4   14

18 l. 14 s.

» De 48 livres 15 sols, ôtant pour les frais 18 livres
  14 sols, reste pour le *cinquantième* . . . . 30 l.   1 s.

» Ce qui fait le cinquième du revenu du proprié-
» taire.

» *Nota B.* — Que ces états ont été faits dans la
» supposition que les vins se vendent d'abord après
» vendanges. »

Comme on le voit, en 1725, la situation des propriétaires de vignobles dans le Bordelais n'était point brillante.

Ainsi qu'il a été dit plus haut, les tableaux qui précèdent peuvent être considérés comme exacts, bien qu'il faille tenir compte de ce que le Parlement, dans le but de détourner la menace de l'impôt du *cinquantième,* dût les pousser un peu au noir.

Les « Remontrances » furent rédigées par les soins de M. Combabessouze, commissaire rapporteur, nommé par le Parlement, assisté de MM. de Sallegourde, Vincens, de Constantin, Dussault, de Montaigne, Fougeras, de Pichon et de MM. les présidents d'Augeard et Leberthon.

TABLE ANALYTIQUE DES MATIÈRES

APPENDICE

TABLE DES NOMS [1]

1. Ne figurent pas dans cette table les noms de localités et de pays mentionnés aux tableaux des pages 76, 77, 78, 79, 81, 82 et 83.

Bordeaux. — Imprimerie G. GOUNOUILHOU, rue Guiraude, 11.